理Ⅲ・京医・阪医を制覇する

テーマ別演習①
入試数学の掌握

総論編

近藤至徳 著

はじめに

　いまこの本を手にとっている君は一体どんな人でしょうか？　数学が大好きな高校2年生かな？　それとも受験を控えた高校3年生か浪人生？　もしかすると学校や塾の先生か家庭教師をしている大学生かもしれませんね。
　でも，きっとこの本を手にしている人の想いはすべて同じハズ。
　受験が控えている君なら
「何とかして志望校の数学で高得点をとれるようになりたい！」
　教育関係の方なら
「何とかして自分の教え子たちの数学力を完成させたい！」
と感じていることでしょう。
「高校2年生までは，定期考査はもちろんのこと塾のテストや模試でも数学はそこそこの成績だったのに，東大・京大・阪大の過去問を目にするとさっぱり方針が思いつかない。でも，自分の志望する大学に受かるためにはこういった問題に太刀打ちできるようにならないと苦しい……」
「数学って思いついたらかなり高得点がとれるんだけど，調子悪かったり，ちょっと難しくなったりするとスグ撃沈するんだよなぁ……」
「結構頑張ってたくさん問題演習を積んできたんだけど，数学の成績がイマイチ。オレ，私って頭悪いのかな……？」
　こんな調子では入試本番で満足のいく結果が得られるのか不安に感じるのも当然です。

　しかし安心してください。しっかり演習を積んできたはずの君が入試問題に太刀打ちできないのも，君に責任があるわけではありません。
　難関大の入試問題になると途端に手が出なくなるのにはいくつかの理由があって，まずは，
① 　関数・数列・ベクトル・座標などの安直な範囲割が文部科学省の定める教科書に採用されてしまっている。
ということが挙げられます。

各分野の公式などを体系的に学ぶためには理想的な分け方と言えますが，残念なことに大学の先生方が創られる入試問題では「君はこの分野のこの公式を用いるこの定型問題を解けるかい？　おっ，できるんだ。エライねぇ」などといった程度の低いことは問われません。

　　「君はこういった現象に対して，様々な分野の解法を自由自在に駆使し，
　　どうしてそうなるのかきちんと説明することができるかい？」

のように，かなり高級な部分が問われるため，入試問題を前にして受験生は遅れをとってしまうワケです。

　そして，受験生や数学の指導者を悩ませる最も致命的な理由は，

② **入試数学で頻繁に問われるテーマで分類した参考書が世の中にない。**

ことに尽きます。

　世間には良問を集めた参考書・問題集はたくさんあります。しかしながら大変残念なことに，そういったすべての書物が文部科学省の範囲割に倣って「やれ数列だ，それ確率だ！　これはベクトルかな？　これは微積でしょう」と表面的なことで分類されてしまっており，受験生の頭を悩ます一番大切なテーマは各問題に埋もれてしまっているのです。こうした事情により受験生の目の前に広がるモヤモヤした霧はいつまでたっても晴れないのでしょう。

　僕自身，東大理Ⅲ・京医・阪医をはじめとする超難関医学部志望の受験生を長年指導してきて，「先生，数学の成績があと少し伸びれば合格が見えてくるんですけど，市販のものでなんかオススメの問題集とかないですか？」という質問に対して明確な答を出せないままでいました。

　さらに，

③ **大抵の参考書・問題集に書かれてある指針の部分には，「それ言ったらもう答やん」といえる結論めいたものしか書かれておらず，どうしてその解法を選ぶべきであるのか，他の方針ではどうしてマズイのかなどの説明が一切書かれていない。**

のも見過ごすことはできません。確かにこの説明をしはじめると冗長な説明になることが多く，執筆する方も読む受験生もなかなかツラく感じるため，いままで改善されなかったのも仕方のないことかもしれませんが……

　そして，最後にもう1つ。

④ **受験生や指導者たちは志望大学の過去問をセンター後まで手をつけずにお取り置きしておく傾向がある。**
のも受験生を惑わせる原因の1つではないでしょうか？

　実は，僕が現役の東大受験のときも過去問をお取り置きしていたんでね，この気持ちは分かります。時間を計って1つのテストとして過去問に取り組みたくなるんですね。しかし，いまとなってはこの方針に断固反対です。

　浪人生か何年も経験を積んでいる指導者ならば実感として理解してくれると思うんですけど，東大・京大・阪大といった有名国公立の問題には，とても格調高い素晴らしい問題が多いんですよね。1つの問題から得られるものはとても大きい。ただし，裏を返すとテーマを多く含んでいるからこそ非常に難しくなります。そういった高級な問題に入試直前になって取り組んでも，「アワワアワワ」と言っているうちに当日が来てしまう(笑)。素晴らしい問題には早い段階から取り組んでおき，志望する大学の雰囲気や傾向は前もって肌で感じとっておくべきだと言えます。

　こういった状況を鑑み，「気にくわないんだったら自分で本を書けばイイやん」となって生まれたのが本書です。前述の問題点をすべて解消するべく，

　　入試数学がもつ本来のテーマ別に
　　なぜその解法を選ぶのか解答の1行目までの考察を大切にしつつ
　　東大・京大・阪大の格調高い問題を中心に
　　一度過去問演習をしてしまった浪人生にも意味があるように

本書を執筆しています。

　本書を学習していると，難解な問題に自信をなくすこともあるでしょうし，ダラダラした解説に心が折れそうになることも一度や二度ではないでしょう。そこをグッと堪えて最後まで取り組めば，いままで見えてこなかった「入試数学における本当に大切なこと」が浮き彫りになることを保証してあげます。

　本書が，君の目の前に立ちはだかる最後の壁を打ち崩すきっかけとなり，次の春を君が笑顔で迎えていることを心から願っています。

　　　　　　　　　　　　　　　　　　　　　　　2011年秋　近藤至徳

本書の利用法

　ズバリ言います。**君がある程度の演習を積み，そこそこの定型問題が解けるようになっていないのならば，この本はそっと本棚に戻してください(笑)。** 本書のレベルは極めて高く，下手に手を出すと余計に混乱してしまう可能性があるからです。典型的な問題をある程度解けるようになってからこの本に舞い戻って来るように。

　さて，君が定型力を身につけた暁には，いよいよこの本の学習に入ります。

　まずは時間の許す限り粘り強く例題に取り組みましょう。各人自由に考えてもらって構いません。次のページから始まる例題一覧も活用してください。

　独力で考える段階を割愛してしまっては，本書の目的である**「難問を解き崩す力を養い，入試数学を掌握する」**ことは叶わないため，必ず自力で考える時間を設けるように。

　ただ，どうしても分からない例題については，解答の前にある解説も含めてしっかりと理解します。各例題の最後に掲載してある☞***CHECK!***の問題も適宜活用して，その例題が要求する眺め方を完全にマスターするワケです。

　そして，1つのテーマが終わる度に，もう一度その章に含まれていた問題を**パラパラと眺め直す**ようにしましょう。僕が本書で採用した各テーマの名称は，文部科学省の定める"縦割りの範囲分け"に対して"横割りの範囲分け"と呼べるものであり，あらゆる分野にまたがって流れる根底的な範囲分けです。この入試数学を構成している枠組みを君達の中に構築することこそが，この本の目的です。これらの範囲分けを大切にして，入試問題を眺め直していってください。

　こうしてひととおり本書の演習を終えた後も，「入試数学の眺め方を完全に身につけた」とは言えないと思います。そこで，聖文新社の"○○大学数学入試問題50年"や教学社の"○大の理系数学25カ年"もしくは詳しい解説を求める東大志望者ならば"鉄緑会東大数学問題集"などを活用して，本書で身につけた入試数学の眺め方を使いこなせるように訓練してください。その際，**この本で学んだ眺め方を意識しつつ過去問に取り組む**ことを忘れないように。折に触れて本書を読み返すのも効果的です。

　気の遠くなるような道のりですが，これを遂行できた暁には，きっと入試数学が掌の上で転がせるようになっています。みんな頑張ってくださいね。

Theme1-1

$a \geq b > 0$ とする．自然数 n に対して，次の不等式を証明せよ．
$$a^n - b^n \leq \frac{n}{2}(a-b)(a^{n-1} + b^{n-1})$$

〔82年名古屋大学・理系〕

Theme1-2

a, b は実数で，$b \neq 0$ とする．xy 平面に原点 O(0, 0) および 2 点 P(1, 0)，Q(a, b) をとる．

(1) △OPQ が鋭角三角形となるための a, b の条件を不等式で表し，点 (a, b) の範囲を ab 平面上に図示せよ．

(2) m, n を整数とする．a, b が (1) で求めた条件を満たすとき，不等式
$$(m+na)^2 - (m+na) + n^2 b^2 \geq 0$$
が成り立つことを示せ．

〔98年東京大学・文系・前期〕

Theme1-3

n と k を正の整数とし，$P(x)$ を次数が n 以上の整式とする．整式 $(1+x)^k P(x)$ の n 次以下の項の係数がすべて整数ならば，$P(x)$ の n 次以下の項の係数は，すべて整数であることを示せ．ただし，定数項については，項それ自身を係数とみなす．

〔07年東京大学・理系・前期〕

Theme1-4

自然数 n, p に対し，n^p を十進法で書いたときの一の位の数を $f_p(n)$ で表す。ただし，自然数とは，1, 2, 3, … のことである。

(1)　n が自然数の全体を動くとき，$f_2(n)$ のとる値を全部求めよ。

(2)　あらゆる自然数 n に対して，$f_5(n) = f_1(n)$ が成り立つことを証明せよ。

(3)　n が自然数の全体を動くとき，$f_{100}(n)$ のとる値を全部求めよ。

〔74年東京大学・共通・二次〕

Theme1-5

n を自然数とする。n 個の実数 $a_1, a_2, \cdots, a_n$ が
$$a_1 \geq a_2 \geq \cdots \geq a_n \geq 0,\ \sum_{k=1}^{n} a_k = 1$$
を満たすとき，$1 \leq l \leq n$ であるすべての自然数 l に対して
$$\frac{l}{n} \leq \sum_{k=1}^{l} a_k \leq 1$$
が成り立つことを示せ。

〔06年山形大学・医・前期〕

Theme1-6

楕円 $E: \dfrac{x^2}{4} + y^2 = 1$ の部分集合 E_1, E_2 を次のように定める。
$$E_1 = \left\{ \begin{pmatrix} x \\ y \end{pmatrix} \in E \ \middle|\ x \geq 0,\ y \geq 0 \right\}$$
$$E_2 = \left\{ \begin{pmatrix} x \\ y \end{pmatrix} \in E \ \middle|\ x \leq 0,\ y \leq 0 \right\}$$
平面の一次変換 f で E_1 を E_2 に移すものをすべて求めよ。

〔93年京都大学・文系・前期〕

Theme1-7

原点を中心とする半径1の円 O の周上に定点 A(1, 0) と動点 P をとる。

(1) 円 O の周上の点 B, C で $PA^2 + PB^2 + PC^2$ が P の位置によらず一定であるようなものを求めよ。

(2) 点 B, C が(1)の条件を満たすとき PA + PB + PC の最大値と最小値を求めよ。

〔93年一橋大学・前期〕

Theme1-8

どのような実数 x に対しても，不等式
$$|x^3 + ax^2 + bx + c| \leq |x^3|$$
が成り立つように，実数 a, b, c を定めよ。

〔95年大阪大学・共通・前期〕

Theme1-9

連続関数 $f(x)$ が，負でないすべての実数 x について
$$x + \int_0^x f(t)dt = \int_0^x (x-t)f(t)dt$$
を満たす。この関数 $f(x)$ を求めよ。

〔70年大阪大学・理系〕

Theme1-10

nを正の整数，aを実数とする。すべての整数mに対して
$$m^2 - (a-1)m + \frac{n^2}{2n+1}a > 0$$
が成り立つようなaの範囲をnを用いて表せ。

〔97年東京大学・理系・前期〕

Theme1-11

自然数nに対して，x^nをx^2+ax+bで割った余りを$r_n x + s_n$とする。次の2条件(イ)，(ロ)を考える。

　　　(イ)　$x^2+ax+b = (x-\alpha)(x-\beta)$, $\alpha > \beta > 0$ と表せる。

　　　(ロ)　すべての自然数nに対して$r_n < r_{n+1}$が成り立つ。

(1) (イ)，(ロ)が満たされるとき，すべての自然数nに対して$\beta - 1 < \left(\dfrac{\alpha}{\beta}\right)^n (\alpha - 1)$が成り立つことを示せ。

(2) 実数a, bがどのような範囲にあるとき(イ)，(ロ)が満たされるか。必要十分条件を求め，点(a, b)の存在する範囲を図示せよ。

〔95年京都大学・共通・後期〕

Theme2-1

p が3以上の素数ならば，次のことが成り立つことを示せ。ただし，$k = \dfrac{1}{2}(p-1)$ とする。

(1) $0^2, 1^2, \cdots, k^2$ を p で割るときの余りはすべて異なる。

(2) $0 \leq a \leq k$, $0 \leq b \leq k$ を満たす整数 a, b で，a^2 と $-1-b^2$ を p で割るときの余りが同じであるものが存在する。

(3) $0 < m < p$ を満たす整数 m で，mp が3つの平方数（整数の2乗）の和で表されるものが存在する。

〔94年芝浦工業大学〕

Theme2-2

A_1, A_2, A_3 は xy 平面上の点で同一直線上にはないとする。3つの一次式

$$f_1(x, y) = a_1 x + b_1 y + c_1,\ f_2(x, y) = a_2 x + b_2 y + c_2,\ f_3(x, y) = a_3 x + b_3 y + c_3$$

は，方程式

$$f_1(x, y) = 0,\ f_2(x, y) = 0,\ f_3(x, y) = 0$$

によりそれぞれ直線 $A_2 A_3$, $A_3 A_1$, $A_1 A_2$ を表すとする。このとき実数 u, v をうまくとると方程式

$$u f_1(x, y) f_2(x, y) + v f_2(x, y) f_3(x, y) + f_3(x, y) f_1(x, y) = 0$$

が3点 A_1, A_2, A_3 を通る円を表すようにできることを示せ。

〔98年京都大学・理系・後期〕

Theme2-3

k を正の整数とし，$2k\pi \leq x \leq (2k+1)\pi$ の範囲で定義された2曲線

$$C_1 : y = \cos x, \quad C_2 : y = \frac{1-x^2}{1+x^2}$$

を考える。

(1) C_1 と C_2 は共有点をもつことを示し，その点における C_1 の接線は点 $(0, 1)$ を通ることを示せ。

(2) C_1 と C_2 の共有点はただ1つであることを証明せよ。

〔05年京都大学・理系・前期〕

Theme2-4

実数 x に対して，x 以下の整数のうちで最大のものを $[x]$ と書くことにする。$c > 1$ として，$a_n = \dfrac{[nc]}{c}$ ($n = 1, 2, \cdots$) とおく。以下の(1), (2), (3)を証明せよ。

(1) すべての n に対して，$[a_n]$ は n または $n-1$ に等しい。

(2) c が有理数のときは，$[a_n] = n$ となる n が存在する。

(3) c が無理数のときは，すべての n に対して $[a_n] = n-1$ となる。

〔97年北海道大学・理系・前期〕

Theme2-5

次の条件を満たす組 (x, y, z) を考える。

条件(A)：x, y, z は正の整数で，$x^2 + y^2 + z^2 = xyz$ および $x \leq y \leq z$ を満たす。

以下の問に答えよ。

(1) 条件(A)を満たす組 (x, y, z) で，$y \leq 3$ となるものをすべて求めよ。

(2) 組 (a, b, c) が条件(A)を満たすとする。このとき，組 (b, c, z) が条件(A)を満たすような z が存在することを示せ。

(3) 条件(A)を満たす組 (x, y, z) は，無数に存在することを示せ。

〔06年東京大学・理系・前期〕

Theme2-6

(1) $g(x)$ を整式，$h(x)$ を2次式とし，$f(x) = g(h(x))$ とおく。このとき，関数 $y = f(x)$ のグラフは y 軸または y 軸に平行なある直線に関して対称であることを示せ。

(2) $f(x)$ は整式で，関数 $y = f(x)$ のグラフは y 軸または y 軸に平行なある直線に関して対称であるとする。このとき，$f(x)$ は，ある整式 $g(x)$ とある2次式 $h(x)$ を用いて $f(x) = g(h(x))$ と書けることを示せ。

〔90年大阪大学・理系・前期〕

Theme2-7

$\{a_n\}$ を正の数からなる数列とし，p を正の実数とする。このとき
$$a_{n+1} > \frac{1}{2}a_n - p$$
を満たす番号 n が存在することを証明せよ。

〔03年京都大学・理系・後期〕

Theme2-8

a, b, c, d を正の数とする。不等式
$$\begin{cases} s(1-a) - tb > 0 \\ -sc + t(1-d) > 0 \end{cases}$$
を同時に満たす正の数 s, t があるとき，2次方程式 $x^2 - (a+d)x + (ad-bc) = 0$ は $-1 < x < 1$ の範囲に異なる2つの実数解をもつことを示せ。

〔96年東京大学・共通・前期〕

入試数学の掌握　総論編
◇ 目 次 ◇

例題一覧 ･･･ 6

Theme1　全称命題の扱い ････････････････････ 15

Theme1-1	連続変数を主役とした全称命題の証明	〔82年名古屋大学・理系〕
Theme1-2	2つの変数が登場するときは領域導入が大活躍！	〔98年東京大学・文系・前期〕
Theme1-3	数学的帰納法は強力な武器ですよ	〔07年東京大学・理系・前期〕
Theme1-4	考えられうるケースをすべて尽くせばOK！	〔74年東京大学・共通・二次〕
Theme1-5	このタイプは少し珍しい ～全称命題での背理法～	〔06年山形大学・医・前期〕
Theme1-6	座標系の図形は"点の集合"ととらえよう！	〔93年京都大学・文系・前期〕
Theme1-7	「必要から十分へ」のススメ	〔93年一橋大学・前期〕
Theme1-8	無限大も特別な値の候補の1つ	〔95年大阪大学・共通・前期〕
Theme1-9	恒等式は辺々微分しても恒等式	〔70年大阪大学・理系〕
Theme1-10	離散変数でも連続関数をワンクッションにはさんで！	〔97年東京大学・理系・前期〕
Theme1-11	全称系解法の例外	〔95年京都大学・共通・後期〕

Theme2　存在命題の扱い ････････････････････ 87

Theme2-1	ディリクレの部屋割り論法	〔94年芝浦工業大学〕
Theme2-2	図形の存在命題の扱い	〔98年京都大学・理系・後期〕
Theme2-3	中間値の定理 ～考察を加える関数の変更～	〔05年京都大学・理系・前期〕
Theme2-4	結局のところ具体的に1つ見つければイインですよ	〔97年北海道大学・理系・前期〕
Theme2-5	どんどん作り出すアルゴリズムを作ってもOK！	〔06年東京大学・理系・前期〕
Theme2-6	「整式がこのように書ける」は概して難しい	〔90年大阪大学・理系・前期〕
Theme2-7	存在肯定での背理法は意外に盲点？	〔03年京都大学・理系・後期〕
Theme2-8	"存在"が条件にある問題は珍しい	〔96年東京大学・共通・前期〕

付録 ･･ 139
　☞ **CHECK!**の解答 ･･ 140
　足腰の鍛錬のために ･･････････････････････････････････････ 206

Theme1
全称命題の扱い

"全称命題"という言葉にピンとこない人がほとんどでしょう。しかし，この本を手にとっている君は次のような問題を一度は目にしたことがあるはずです。

> [問] 任意の自然数nに対して，次の等式が成り立つことを示せ。
> $$\frac{1}{1\times 2}+\frac{1}{3\times 4}+\cdots+\frac{1}{(2n-1)\times 2n}=\frac{1}{n+1}+\frac{1}{n+2}+\cdots+\frac{1}{n+n}$$

やさしい問題ですから解答は割愛しますが(帰納法でOK)，こういった
「任意の○○について△△が成り立つ」
という形のものを"全称命題"と呼びます。そして，**全称命題に関する問題が"証明問題"であるのか"求値問題"であるのかによって，取り組み方は随分と変わってくる**のをまずは理解しておきましょう。

証明問題であるときは次の〈鉄則〉に従います。

〈鉄則〉―全称命題の証明―

「任意の○○に対して，△△となることを示せ」は，

① 不等式の証明(連続量)
  → $f(x)=($大きい方$)-($小さい方$)$の最小値ですら0以上を示す。
② 2変数命題の証明(連続量)
  → 領域を導入して，集合の包含関係に持ち込む。
③ nに関する離散命題$P(n)$の証明(離散量)
  → 数学的帰納法の利用。
④ 整数に関する証明(離散量)
  → 剰余系の利用。余りで整数を分類してすべての場合を尽くす。
⑤ 背理法の利用。

の5つは必ずおさえておく。

大抵は上記の①〜④の方針でカタがつきます。⑤を考えさせる問題は概して難問かつ稀で，①〜④で処理できないようなときのみ考えるという認識でよいでしょう。

お次は全称命題に関する求値問題について。これにもいくつかのお決まりの解法があって，

〈鉄則〉 −全称命題の求値問題−

「任意の○○に対して，△△となるように範囲を求めよ」は，
① 変数について整理し，係数比較の考え方。
② 特別な場合について考え，必要条件を絞り十分性の確認。
③ 恒等式は微分しても恒等式(積分方程式や整式の割り算など)。
④ 領域による視覚化。
を疑う。

の方針は必ず出てくるようになってください。

こういったことを踏まえて，三大学の入試問題で具体的にどういった解法となるのか詳しく解説していくことにします。かなり難解な問題も含まれていますが，頑張ってついてきてくださいね。

$\mathcal{T}heme$1-1 【連続変数を主役とした全称命題の証明】

=========【例題】=========

$a \geq b > 0$ とする。自然数nに対して，次の不等式を証明せよ。
$$a^n - b^n \leq \frac{n}{2}(a-b)(a^{n-1} + b^{n-1})$$

〔82年名古屋大学・理系〕

前書きで「東大・京大・阪大の入試問題を中心に」と書いたにも関わらず最初の例題が名古屋大学であるのはご容赦を(笑)。「一発目は手頃な問題を」と思い名古屋の問題に登場してもらいました。

さて，冒頭に書いたことをきちんと理解しておけば"全称命題"に関しては基本的に困ることはないはずです。ただし，残念ながらこれだけではまだ不十分と言わざるを得ません。というのもいつもいつも与えられた問題文が「あぁ，全称命題だなぁ」と気がつきやすいものであるとは限らないため，それを見抜く力も養わなければならないからです。

本問も回りくどく表現すると，

> 問 $a \geq b > 0$ なる任意の実数 a, b と任意の自然数nに対して，不等式
> $$a^n - b^n \leq \frac{n}{2}(a-b)(a^{n-1} + b^{n-1})$$
> が成り立つことを証明せよ。

と言い換えることができます。**こういった言い換えがすぐさま見抜けるかどうかも，素早く問題を処理できるか否かの鍵**と言えるでしょう。

しかも，こう言い換えてしまうと，〈鉄則〉に挙げた

　　① 不等式の証明(連続量)
　　③ nに関する離散命題 $P(n)$ の証明(離散量)

のいずれと眺めるべきなのか悩むのが人情ってもんです。しかし，不等式の証明でどちらを用いるのかはケースバイケースなので，①がダメなら③を試してみるといったように柔軟に対応できるように訓練しておいてください。

また，受験数学全般に渡って「**与えられた式を観察する**」というのは基本中の基本です。

示すべき不等式は

連続2変数 a, b と離散1変数 n の問題

ですが，よくよく観察してみれば，

「a, b の n 次同次式である」

ということが分かります。すなわち適当な置換によって1文字減らせることも見抜けるようになりたいワケです。

〈鉄則〉－同次式の扱い－

同次式(特に分数型の同次式)を扱う際は(変数を x, y とする)，

① $x = 0$ or $x \neq 0$ で場合分けし，$x \neq 0$ のときは，$t = \dfrac{y}{x}$ とおくことで1変数関数に帰着。

② 分母が $x^2 + y^2$ のときは，
$$\begin{cases} x = r\cos\theta \\ y = r\sin\theta \end{cases} \quad (r \geq 0 \text{ に限る})$$
とおいて(極座標変換)，r と θ の関数に帰着。

ただし，いずれも置き換えた文字の変域に要注意！

もちろん，単純に b を固定して a のみ動かして微分するという方法でも証明は可能ですけどね。

● 解 答 ●

示すべき式を
$$a^n - b^n \leq \frac{n}{2}(a-b)(a^{n-1} + b^{n-1}) \quad \cdots (\star)$$
としておく。
$$a \geq b > 0 \quad \cdots ①$$
であるから，題意は($\star$)の両辺 $b^n (> 0)$ で割った不等式
$$(\star) \Leftrightarrow \left(\frac{a}{b}\right)^n - 1 \leq \frac{n}{2}\left(\frac{a}{b} - 1\right)\left\{\left(\frac{a}{b}\right)^{n-1} + 1\right\}$$
を示すことと同義である。

さらに，$t=\dfrac{a}{b}$ とおけば，①より t の変域は $t\geqq 1$ だから，結局

「$t\geqq 1$ なる任意の実数 t に対して
$$2t^n-2\leqq n(t-1)(t^{n-1}+1) \quad\cdots(*)$$
が成り立つ」

を示すことに帰着される。

ⅰ) $n=1$ のとき
$$((*)\text{の左辺})=2t-2$$
$$((*)\text{の右辺})=2t-2$$

となって，確かに $t\geqq 1$ なる任意の実数 t で $(*)$ は成り立つ（常に等号となる）。

ⅱ) $n=2$ のとき
$$((*)\text{の左辺})=2t^2-2$$
$$((*)\text{の右辺})=2(t-1)(t+1)=2t^2-2$$

となって，このときも確かに $t\geqq 1$ なる任意の実数 t で $(*)$ は成り立つ（常に等号となる）。

ⅲ) $n\geqq 3$ のとき
$$\begin{aligned}f_n(t)&=n(t-1)(t^{n-1}+1)-2t^n+2\\&=(n-2)t^n-nt^{n-1}+nt-n+2 \ (t\geqq 1)\end{aligned}$$

として，
$$f_n{}'(t)=n(n-2)t^{n-1}-n(n-1)t^{n-2}+n$$
$$\begin{aligned}f_n{}''(t)&=n(n-1)(n-2)t^{n-2}-n(n-1)(n-2)t^{n-3}\\&=n(n-1)(n-2)t^{n-3}(t-1)\geqq 0 \quad [\because t\geqq 1]\end{aligned}$$

だから，$t\geqq 1$ で $f_n{}'(t)$ は単調増加。
$$\therefore\ f_n{}'(t)\geqq f_n{}'(1)=n(n-2)-n(n-1)+n=0$$

すなわち，$f_n(t)$ も単調増加で，
$$f_n(t)\geqq f_n(1)=(n-2)-n+n-n+2=0$$

だから，$t\geqq 1$ なる任意の実数 t で $(*)$ は成り立つ。

したがって，以上ⅰ)～ⅲ)より，すべての自然数 n で不等式
$$a^n-b^n\leqq \dfrac{n}{2}(a-b)(a^{n-1}+b^{n-1}) \quad (a\geqq b>0)$$
の成り立つことが示された。■

ただし，等号成立は次のときに限る。
$$\begin{cases}n=1\text{ or }2\text{ のとき，}a\geqq b>0\text{ を満たす任意の実数 }a,\ b\\ n\geqq 3\text{ のとき，}a,\ b\text{ が }a=b(>0)\text{ となるとき}\end{cases}$$

====== ◆ コメント ◆ ======

　少しだけ解答の補足をしておきましょうか。

　$n=1, 2$ のとき，$f_n(t)=0$ (for $^\forall t \in R$) なる恒等関数になってしまいます（因みに "for $^\forall t \in R$" とは「すべての実数 t に対して」という意味）。そこで，0 を微分するという気持ち悪い操作を避けるために，$n=1, 2$ を場合分けしました。

　もちろんこの場合分けは最初から見抜けるシロモノではなく，
$$f_n''(t) = n(n-1)(n-2)t^{n-3}(t-1)$$
を計算したときにはじめて「おや？」となって，場合分けの必然性に気がつくことになります。

　あと，僕の生徒にこれを解かせると，$a>b$ のケースに辺々 $(a-b)$ で割り，
$$a^n - b^n \leq \frac{n}{2}(a-b)(a^{n-1}+b^{n-1})$$
$$\Leftrightarrow a^{n-1} + a^{n-2}b + \cdots + ab^{n-2} + b^{n-1} \leq \frac{n}{2}(a^{n-1}+b^{n-1})$$
と式変形してしまって二進も三進も（にっちもさっちも）いかなくなっている人がいました。受験生はこちらの想定を遥かに超えることを軽々とやってのけるため，毎回その思考回路の修正に講師陣は骨を折ります（笑）。

　せっかく綺麗にまとまっている式の両辺を $(a-b)$ で割り，わざわざ項の数を多くして議論を進めようとするのは理に適っていませんね？　整数問題であるなら「多少式の形が汚くなっても因数分解しようとする」のは強い必然を感じますけど，連続状況の本問ではそれほど有効とは思えません。

　僕は授業中によく口にしていたんですけどね，

> 〈鉄則〉－入試数学の取り組み方－
> 　受験生全員に平等に与えられているのは問題文のみである。そこから個々人が，非合法な式変形をすることによって問題が解答不能になったり，無目的な式変形をしたりすることによって本質が見えづらくなってしまう。**解法に行き詰まってしまったら，大元の式に立ち返るのも超重要！**

という事実を受験生はイマイチ理解していないようです。

「何だかよく分からんけど適当に式変形してみよっか」といったユルい取り組みで，理Ⅲ・京医・阪医といった超難関医学部でアドバンテージがとれるべくもありません。1つ1つの式変形にも細心の注意を払って数学に取り組んで欲しいと思います。

＊　　　　＊　　　　＊

　では，こういったことを踏まえて次の阪大の問題を考えてもらいましょう。やさしい問題ですから計算ミスさえしなければ完答できるはずです。ただし，何を意図して(1)が用意されているのかしっかり意識しておかなければ，(2)の途中に出てくる煩雑な式の形に挫折してしまうかもしれません。

☞ **CHECK!1**

(1) $0 < t < 1$ のとき，不等式 $\dfrac{\log t}{2} < -\dfrac{1-t}{1+t}$ が成り立つことを示せ。

(2) k を正の定数とする。

　　$a > 0$ とし，曲線 $C: y = e^{kx}$ 上の2点 $P(a, e^{ka})$，$Q(-a, e^{-ka})$ を考える。このとき P における C の接線と Q における C の接線の交点の x 座標は常に正であることを示せ。

〔03年大阪大学・理系・前期〕

Theme1-2 【2つの変数が登場するときは領域導入が大活躍！】
=【例題】=

a, b は実数で，$b \neq 0$ とする．xy 平面に原点 O(0, 0) および2点 P(1, 0)，Q(a, b) をとる．

(1) △OPQ が鋭角三角形となるための a, b の条件を不等式で表し，点 (a, b) の範囲を ab 平面上に図示せよ．

(2) m, n を整数とする．a, b が(1)で求めた条件を満たすとき，不等式
$$(m+na)^2 - (m+na) + n^2b^2 \geq 0$$
が成り立つことを示せ．

〔98年東京大学・文系・前期〕

この問題を考える前に，必要条件・十分条件と集合の確認をしておきましょうか．まずはありがちな例題を．

問 次の空欄を埋めよ．

　　　　条件 $p : x \geq 0$　　　　条件 $q : x > 1$

について，条件 p は条件 q であるための　　　　条件である．

コレ，みんな大丈夫ですよね？　答は"必要"です．

「そんなバカな……答は"十分"じゃないの？」と感じた人，巻末の付録のp.206を大急ぎで確認してここに舞い戻って来てください．

みんな大丈夫ですか？　例題のお話に入りますよ？

(1)は問題ないでしょう．辺の2乗は根号を登場させずに表現可能ですから，

〈鉄則〉－三平方の定理の延長－

　△ABCにおいて，
　　　　∠Aが鋭角　⇔　$BC^2 < AB^2 + CA^2$

$$\angle\text{A が直角} \Leftrightarrow BC^2 = AB^2 + CA^2$$
$$\angle\text{A が鈍角} \Leftrightarrow BC^2 > AB^2 + CA^2$$

なる関係が成り立つ。証明は"幾何と転換法の併用"か"余弦定理"による。

を用いて処理する方法も考えられますし,純粋な幾何で考察して,

〈鉄則〉－円周角の定理の利用－

　図において,点Pは直線ABに関して優弧AB側にあるものとする。このとき,

　　点Pが円の外部 $\Leftrightarrow \angle APB < \alpha$

　　点Pが円の周上 $\Leftrightarrow \angle APB = \alpha$

　　点Pが円の内部 $\Leftrightarrow \angle APB > \alpha$

の言い換えはそこそこ有用。

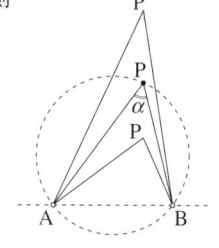

で処理するのもアリでしょう。いずれにしても答の領域だけは必ず正解するように。

　問題は(2)です。これは文系固有問題かと疑うほどの難問。こうした難しい問題のときは**きちんと題意を把握することが第一歩**です。

　まず,問題の構造は

「不等式 $a^2 - a + b^2 > 0$, $0 < a < 1$ を満たすすべての a, b とすべての整数 m, n に対して」

「不等式 $(m+na)^2 - (m+na) + n^2b^2 \geq 0$ を満たす」

です。なるほど,

連続変数 a, b と離散変数 m, n に対する全称証明

であることが分かりました。こうやって状況を整理するのも難問を切り崩すための**1つのコツ**です。

そして，

「不等式 $(m+na)^2 - (m+na) + n^2b^2 \geq 0$ ってなんだコレ？」

と感じるのが普通の感覚。なかなか気持ち悪い式の形をしています。

こういったゴツイ式に出くわしたときに何も考えずにウリウリ展開計算するのはオススメできません。というのも，難関大(特に東大に顕著)が人工的な設定を持ち出してきたときは，

① 計算がうまくいくように調節してくれている。

② 何か意義を読み込めたりする。

のが普通だからです。天下の東大が意味もなくこんな汚い式を持ち出してくるはずはありません。そこで，与えられた式の形をグッと睨みましょう。

するとなるほど，(1)の結果で $f(a, b) = a^2 - a + b^2$ とおくと，

「$f(a, b) \geq 0$ で $a \mapsto na + m$, $b \mapsto nb$ と置き換えた形である」

ことがパッと分かります(これが見えないとツライ)。これが見えてくると，

〈鉄則〉－グラフの変換－

陰関数表示された $f(x, y) = 0$ のグラフの移動は次の通り。

① x 軸正方向に p, y 軸正方向に q 平行移動

$$f(x-p, y-q) = 0$$

② 対称移動

(ア) $x = a$ に関して線対称移動　　$f(2a-x, y) = 0$

(イ) $y = b$ に関して線対称移動　　$f(x, 2b-y) = 0$

(ウ) 点 (a, b) に関して点対称移動　$f(2a-x, 2b-y) = 0$

③ x 軸方向に m 倍, y 軸方向に n 倍拡大(縮小)変換(ただし, $mn \neq 0$)

$$f\left(\frac{x}{m}, \frac{y}{n}\right) = 0$$

以上はすべて証明できるようになっておくのが望ましい。

の事実を思い出して式変形して……

$$(m+na)^2 - (m+na) + n^2b^2 \geqq 0$$
$$\Leftrightarrow \left(\frac{a+\dfrac{m}{n}}{\dfrac{1}{n}}\right)^2 - \left(\frac{a+\dfrac{m}{n}}{\dfrac{1}{n}}\right) + \left(\dfrac{b}{\dfrac{1}{n}}\right)^2 \geqq 0$$
$$\Leftrightarrow f\left(\frac{a+\dfrac{m}{n}}{\dfrac{1}{n}},\ \dfrac{b}{\dfrac{1}{n}}\right) \geqq 0$$

フムフム，

領域 $f(a,\ b) \geqq 0$ を a 軸方向に $\dfrac{1}{n}$ 倍，b 軸方向に $\dfrac{1}{n}$ 倍の縮小変換

して，さらに

a 軸正方向に $-\dfrac{m}{n}$ だけ平行移動

したモノだったわけですね。「$-\dfrac{m}{n}$ の平行移動」ってのもピンとこないので，

「目盛り $\dfrac{1}{n}$ 刻みの整数倍だけ平行移動する」

と言い換えた方がしっくりくるかもしれませんね。

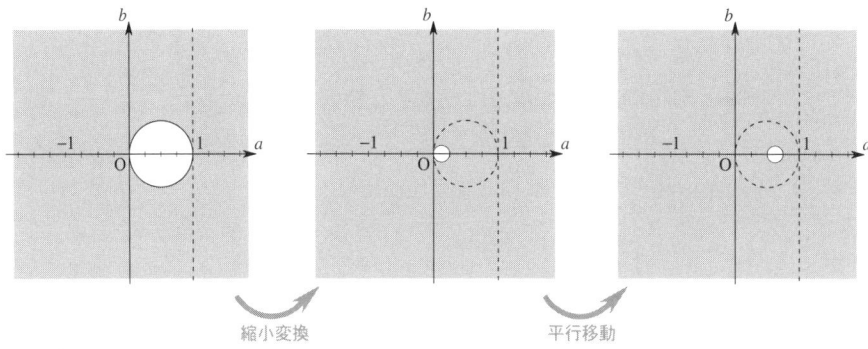

縮小変換　　　平行移動

　ここまでくればあとは集合の包含関係の話に持ち込むだけです。

　このように，**2変数(またはそれ以上)の文字に対する全称命題では証明問題であっても求値問題であっても領域を導入して考えるのが超強力な武器**となります。確かに単純に数式のみで処理しても本問は解答可能ですけど，僕としては

Theme1 全称命題の扱い

「**2変数の全称系では領域導入が極めて有効**」

というのを猛プッシュしたいので数式ゴリ押しの解答はここでは紹介しないことにします。

── ● 解 答 ● ──

(1)
$$OP^2 = 1$$
$$OQ^2 = a^2 + b^2$$
$$PQ^2 = (a-1)^2 + b^2$$

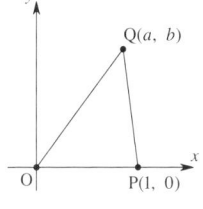

であり、△OPQが鋭角三角形となるためには、

$$\begin{cases} OP^2 < OQ^2 + PQ^2 \\ OQ^2 < PQ^2 + OP^2 \\ PQ^2 < OP^2 + OQ^2 \end{cases} \cdots(*)$$

が成り立つことが必要十分($b \neq 0$ だから△OPQができることは保証されている)。

$$(*)$$
$$\Leftrightarrow \begin{cases} 1 < a^2 + b^2 + (a-1)^2 + b^2 \\ a^2 + b^2 < (a-1)^2 + b^2 + 1 \\ (a-1)^2 + b^2 < 1 + a^2 + b^2 \end{cases}$$

$$\Leftrightarrow \begin{cases} a^2 - a + b^2 > 0 \\ a < 1 \\ a > 0 \end{cases}$$

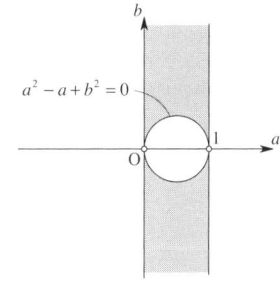

これを $b \neq 0$ も考慮して図示すると、求めるべき領域が得られる。■

図の網目部分で境界と白丸はすべて除く

(2) まず、m, n を定数と見て、

$$D = \{(a, b) \mid a^2 - a + b^2 > 0,\ 0 < a < 1\}$$
$$E = \{(a, b) \mid (m+na)^2 - (m+na) + n^2 b^2 \geq 0,\ b \neq 0\}$$

のようにab平面における2つの領域 D, E を定義しておく。

そして、題意が示されるためには、集合で考えると

$$D \subseteq E$$

を示すことが必要十分である。

さて、領域Eについて、$n = 0$ のときは、

$$m^2 - m \geq 0 \iff m(m-1) \geq 0 \quad (\leftarrow \text{あくまでも } a, b \text{ の条件式と見る})$$

となるが、mが整数値をとりながら変化する以上この不等式は常に成り立つものである。つまりは、領域 $E_{n=0}$ は任意の a, b ($b \neq 0$) を意味する。

$$E_{n=0} = \{(a, b) \mid b \neq 0\}$$

したがって，$n=0$ のときは $D \subseteq E$ は確かに成り立つ。

以下，$n \neq 0$ の場合に関して考える。

E の条件式は

$$(m+na)^2 - (m+na) + n^2 b^2 \geq 0$$

$$\Leftrightarrow \left(\dfrac{a + \dfrac{m}{n}}{\dfrac{1}{n}}\right)^2 - \left(\dfrac{a + \dfrac{m}{n}}{\dfrac{1}{n}}\right) + \left(\dfrac{b}{\dfrac{1}{n}}\right)^2 \geq 0$$

と式変形できるから，これは不等式 $a^2 - a + b^2 \geq 0$ が示す領域を，a 軸方向に $\dfrac{1}{n}$ 倍，b 軸方向に $\dfrac{1}{n}$ 倍だけ拡大（縮小）変換した後，a 軸正方向に $-\dfrac{m}{n}$ だけ平行移動した領域を意味する。

また，m と $n(\neq 0)$ が整数値をとりながら変化する以上，先程の平行移動は

$$1 を |n| 等分した目盛り \dfrac{1}{|n|} の整数倍だけ横に平行移動$$

と言い換えることができる。

こういったことを踏まえると，m, n の正負やその絶対値の兼ね合いによって，変換後の図形は次の3つのタイプに大別されるが，いずれのケースであっても $D \subseteq E$ であることが下図から確認される（a 軸は除外して考える）。

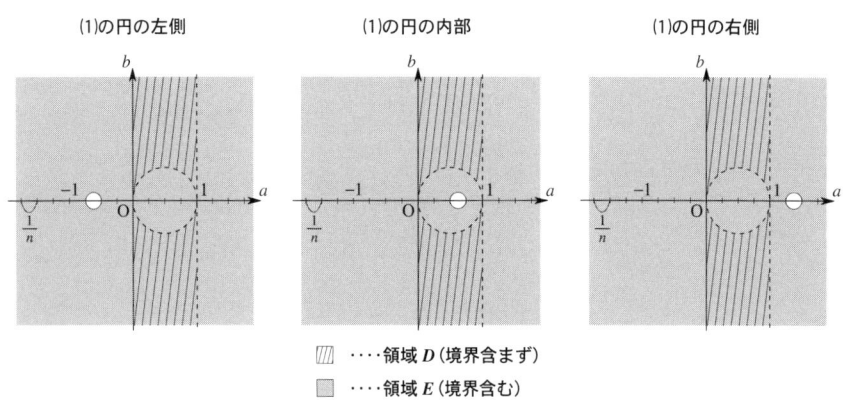

以上のことから任意の整数値 m, n に対して $D \subseteq E$ が保証されるので，題意の成立が示された。■

━━━━━━━━ ◆ コメント ◆ ━━━━━━━━

なるほど，全称命題の扱い方のうち，連続を強く使って

② 2変数命題の証明(連続量)
　　→　領域を導入して，集合の包含関係に持ち込む。

で処理したワケですね。

解答の最後にある「m, n の正負やその絶対値の兼ね合いによって，3つのタイプに大別される」という部分がピンとこない人もいるかもしれません。そこで具体的な例をいくつか下に挙げておきましょう。

例えば，n に正の数の代表として4を当てはめます。すると，$a^2 - a + b^2 \geqq 0$ において $a \mapsto 4a, b \mapsto 4b$ と置き換えた式 $(4a)^2 - (4a) + (4b)^2 \geqq 0$ で表される領域は次のように「a 軸，b 軸の両方向に $\frac{1}{4}$ 倍縮小」したものとなります。

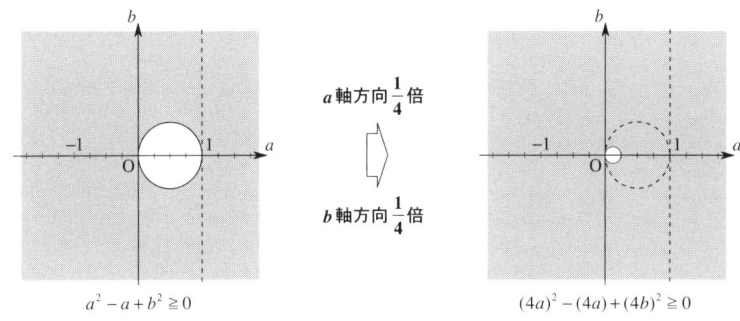

そして，m に代入する値には $m = 3, -2, -5$ の3種類を試してみます。それぞれ前から順に「$-\frac{3}{4}, \frac{2}{4}, \frac{5}{4}$ だけ a 軸正方向に平行移動」を意味しますから，各々次のような状況になりますね。

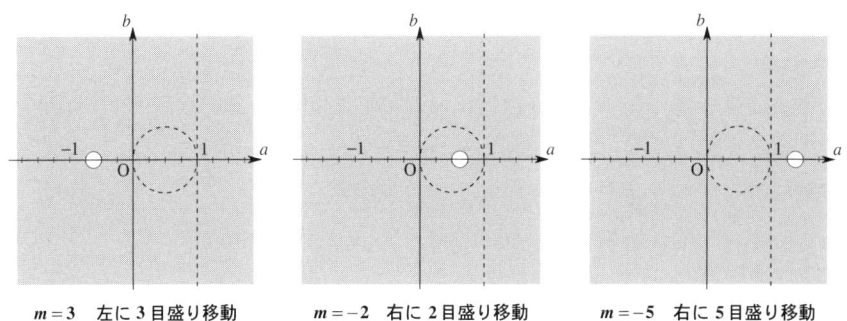

今度は n を負として考え，$n = -4$ とします。不等式

$$(-4a)^2 - (-4a) + (-4b)^2 \geqq 0$$

で表される領域は、「a軸、b軸の両方向に $-\dfrac{1}{4}$ 倍縮小」したものです。

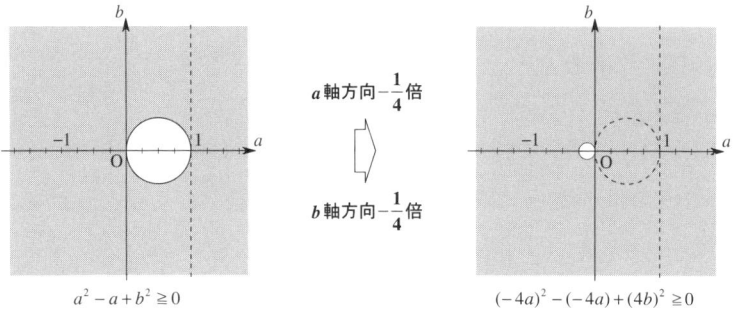

最後の仕上げに $m = -2, 3, 6$ とすると、平行移動後の図形はそれぞれ次のようになって、先程と全く同じになることが確認されます。

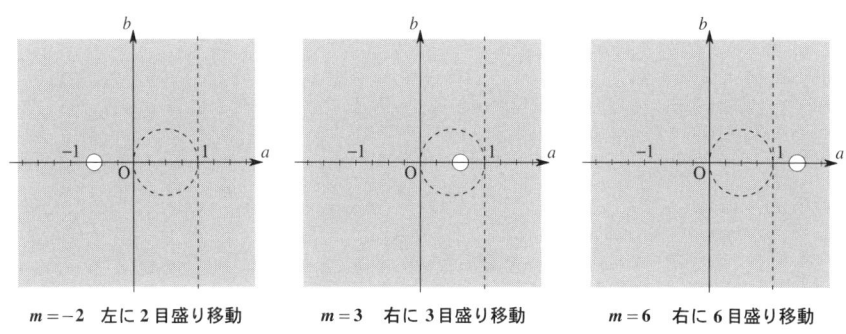

つまり、

$n \geqq 1$ で $m \geqq 1$ なら (1) の円の左側に

$n \geqq 1$ で $-n+1 \leqq m \leqq 0$ なら (1) の円の内部に

$n \geqq 1$ で $m \leqq -n$ なら (1) の円の右側に

$n \leqq -1$ で $m \leqq 0$ なら (1) の円の左側に

$n \leqq -1$ で $1 \leqq m \leqq -n$ なら (1) の円の内部に

$n \leqq -1$ で $-n+1 \leqq m$ なら (1) の円の右側に

境界となる円が位置します。n の正負によって、m の範囲が単純に符号を逆転させただけのものにならないのが面倒で、しかもこの場合分けの基準を明記

することはそれほど重要な部分ではないと感じるため，解答ではざっくり結果から場合分けして表現したワケです．納得できましたか？

領域を導入して考える方法はなかなか素晴らしい解法なんですけど，理Ⅲ受験レベルの生徒もなかなか使いこなすことができません．裏を返すと**君がこの方法を自由に使いこなせるようになれば大きくアドバンテージがとれる**ということです．

「**2変数に対する条件を考えるときは一度は領域を疑う**」

ようにして，この眺め方に慣れていってください．

さて，話は変わって，「なす角の扱い」と言えば，

〈鉄則〉－なす角の扱い－

　直線やベクトルのなす角を求める問題は，

① ベクトルの内積の利用．
$$\cos\theta = \frac{\vec{a}\cdot\vec{b}}{|\vec{a}||\vec{b}|}$$

② tan の加法定理の利用．
$$\tan(\beta-\alpha) = \frac{\tan\beta - \tan\alpha}{1+\tan\beta\tan\alpha}$$

の2つが代表的だが，大半を①で処理するのが基本．というのも，なす角 θ の範囲を $0 \leq \theta \leq \pi$ とすると，θ と $\cos\theta$ の値が1対1に対応するからである（$\frac{\pi}{2}$ に対する tan の値が存在しない）．

が頭をよぎる受験生も多いことでしょう．

本問でも(1)の"鋭角三角形"を「各頂角が90°未満である」ととらえて，

$$\cos\angle\mathrm{POQ} = \frac{\overrightarrow{\mathrm{OP}}\cdot\overrightarrow{\mathrm{OQ}}}{|\overrightarrow{\mathrm{OP}}||\overrightarrow{\mathrm{OQ}}|} > 0$$

などを処理しても構いません．ただし，所詮は90°を超えるかどうかの単純な話なので，仰々しくcosを出すまでもないと思って解答では平面幾何的な定理を用いました．

あ，そうだ。あと1つだけ補足しておきます。たまに"三角形の成立条件"と"三平方の定理の延長"とを勘違いしている受験生が見受けられますが，三角形の成立条件は

〈鉄則〉－三角形の成立条件－

　線分長 a, b, c $(a, b, c > 0)$ を3辺とする三角形が存在するための必要十分条件は，

① 不等式 $\begin{cases} a+b>c \\ b+c>a \\ c+a>b \end{cases}$ が成り立つ。

② 不等式 $|b-c|<a<b+c$ が成り立つ。

のいずれかで表現される(①と②は必要十分)。

　　ただし，**最大辺がaと分かっているときに限り，**

③ 不等式 $a<b+c$ が成り立つ。

だけで表現可能。

ですよ？　こんなおバカな勘違いで「問題を解けなくさせてしまう」のはもったいないので勘弁しましょう(笑)。

　　　　　　　　＊　　　　　　　＊　　　　　　　＊

次の☞**CHECK!2**は証明問題ではありませんが考え方は例題と同じです。集合の包含関係に持ち込みましょう。「接線が3本引ける」の部分に戸惑いを覚えるようなら$Theme2$-2をチラ見してから考えてくださいね。

☞**CHECK!2**

3次関数 $y = x^3 + kx$ のグラフを考える。連立不等式 $\begin{cases} y > -x \\ y < -1 \end{cases}$ が表す領域をAとする。Aのどの点からも上の3次関数のグラフに接線が3本引けるための，kについての必要十分条件を求めよ。

〔99年京都大学・文系・後期〕

$\mathcal{T}heme$1-3 【数学的帰納法は強力な武器ですよ】
========【例題】========

nとkを正の整数とし，$P(x)$を次数がn以上の整式とする．整式$(1+x)^k P(x)$のn次以下の項の係数がすべて整数ならば，$P(x)$のn次以下の項の係数は，すべて整数であることを示せ．ただし，定数項については，項それ自身を係数とみなす．

〔07年東京大学・理系・前期〕

---

nの全称系の問題で"数学的帰納法"を思いつかない人は少ないと思います．次のように色々な形式があることも君達にとってはお馴染みかと．

> 〈鉄則〉－数学的帰納法の形式－
>
> 　"数学的帰納法"の原理は，「それまでに証明された命題を用いて，次の命題を証明する」というアルゴリズムの作成である．よって，そのアルゴリズムを作るときには，「証明された」と仮定している命題のどれを用いるかによって，様々に形式が変わってくる．
> 　有名なパターンである
> ①　「$n=1$でOK」と「$n=k$でOK $\Rightarrow$ $n=k+1$もOK」
> ②　「$n=1, 2$でOK」と「$n=k, k+1$でOK $\Rightarrow$ $n=k+2$もOK」
> ③　「$n=1$でOK」と「$n \leqq k$のすべてのnでOK $\Rightarrow$ $n=k+1$もOK」
> の3つは必ずおさえておく．因みに，③は"累積帰納法"と呼んだりもする．

ただし，三大学入試(特に東大)において，これらよりもずっとずっと大事なことがあるのを意識している人は少ないような気がします．それは，

　　　　　　　「何の文字についての帰納法かを考える」

ことです．僕はこの文字を"数学的帰納法のindex"と呼んで授業をしていました．

〈鉄則〉－数学的帰納法のindex－

　数学的帰納法では「**一体どの文字についての帰納法か？**」を**考えることも大切**である。indexの選び方によって，議論の進め方が全く変わってくることを肝に銘じておくべき。

　これらのことを念頭におきながら次の解説を読み進めてください。「帰納法を使えることは使えるけど，イマイチしっくりきていない」と，帰納法の原理に不安を覚える人は巻末の付録 p.208 も参照するとより理解が深まります。

　まずは本問の成り立ちを探っていくことにしましょう。

　整式 $P(x)$ のままでは議論が進みそうにありませんから，仮に $P(x)$ が m $(m \geq n)$ 次であるとして具体的においてみましょうか。「**整式を具体的におく**」のは**模範解答にもありそうな自然さ**ですしね(もちろん問題によっては整式を具体的におくととんでもなく面倒なことになり，$P(x)$ の表記のまま話を進めることもあるので，リセットして考える心の準備は一応しておくこと)。

$$P(x) = a_m x^m + a_{m-1} x^{m-1} + \cdots + a_1 x + a_0 \quad (a_i は実数で a_m \neq 0)$$

　そして，題意を把握するためにもバカ正直に $(1+x)^k P(x)$ を展開してみます (便宜的に以下は $n \geq k$ のときに限っている)。

$$\begin{aligned}
& (1+x)^k P(x) \\
=\ & a_m \cdot {}_k C_k x^{m+k} \\
& + (a_{m-1} \cdot {}_k C_k + a_m \cdot {}_k C_{k-1}) x^{m+k-1} \\
& \quad \vdots \\
& + (a_{n-k+1} \cdot {}_k C_k + a_{n-k+2} \cdot {}_k C_{k-1} + \cdots + a_{n+1} \cdot {}_k C_0) x^{n+1} \\
& + \underline{(a_{n-k} \cdot {}_k C_k + a_{n-k+1} \cdot {}_k C_{k-1} + \cdots + a_n \cdot {}_k C_0) x^n} \\
& \quad \vdots \\
& + \underline{(a_0 \cdot {}_k C_k + a_1 \cdot {}_k C_{k-1} + \cdots + a_k \cdot {}_k C_0) x^k} \\
& + \underline{\underline{(a_0 \cdot {}_k C_{k-1} + a_1 \cdot {}_k C_{k-2} + \cdots + a_{k-1} \cdot {}_k C_0) x^{k-1}}} \\
& \quad \vdots
\end{aligned}$$

$$+(a_0 \cdot {}_kC_2 + a_1 \cdot {}_kC_1 + a_2 \cdot {}_kC_0)x^2$$
$$+(a_0 \cdot {}_kC_1 + a_1 \cdot {}_kC_0)x$$
$$+a_0 \cdot {}_kC_0$$

なんだか式がえらいことになってしまいましたが状況はつかめました。下線を引いた部分がすべて整数になるのが前提なんですね。

ここからが本題です。一体どの文字についての帰納法で考えましょうか？

「"n次の整式"のnをindexにとる？」

などと考えるととんでもなく面倒なことになります(一応解答可能ですけど)。

先程の式を低次の方から眺めてみれば，

$$\left.\begin{array}{l}a_0 \cdot {}_kC_0\text{が整数} \Rightarrow a_0\text{は整数} \\ a_0 \cdot {}_kC_1 + a_1 \cdot {}_kC_0\text{が整数} \\ a_0 \cdot {}_kC_2 + a_1 \cdot {}_kC_1 + a_2 \cdot {}_kC_0\text{が整数} \\ \quad\vdots \\ a_{n-k} \cdot {}_kC_k + a_{n-k+1} \cdot {}_kC_{k-1} + \cdots + a_n \cdot {}_kC_0\text{が整数}\end{array}\right\} \Rightarrow a_1\text{は整数} \Rightarrow a_2\text{は整数} \cdots \Rightarrow a_n\text{は整数}$$

となって，順次 a_0, a_1, a_2, $\cdots$, a_n まで整数であることが保証されそうですね。つまりは，nとkを"ポンととってきた1つの定数"として扱い，**係数a_iの添え字iを帰納法のindexにとった累積帰納法でまとめればうまくいく**ワケです。$n \geq k$ と $n < k$ で多少の場合分けが発生するものの現実的な答案となります。

でも実はこれよりももっとスマートな解法があって，それは意外にも文字kをindexにとる解答です。その方法を模範解答として以下に紹介しておきましょう。

=== **解 答** ===

命題
「整式 $(1+x)^k P(x)$ の n 次以下の項の係数がすべて整数ならば，
$P(x)$ の n 次以下の項の係数はすべて整数である」 $\cdots\cdots(*)$

を，nを定数扱いにしてのkに関する数学的帰納法で示す。

便宜的に $P(x)$ は m（mはn以上の整数）次とし，
$$P(x) = a_m x^m + a_{m-1} x^{m-1} + \cdots + a_1 x + a_0 \quad (a_i\text{は実数で}\,a_m \neq 0)$$
としておく。

［Ⅰ］$k=1$ のとき

$$(1+x)P(x)$$
$$= a_m x^{m+1} + (a_m + a_{m-1})x^m + \cdots + (a_2 + a_1)x^2 + (a_1 + a_0)x + a_0$$

の n 次以下の係数がすべて整数であるとは，

$$a_0,\ (a_1 + a_0),\ (a_2 + a_1),\ \cdots,\ (a_{n-1} + a_{n-2}),\ (a_n + a_{n-1})$$ のすべてが整数である

のを意味する。

したがって，これらを前から考えていくと順次

$$a_0,\ a_1,\ a_2,\ \cdots,\ a_n\ \text{が整数である}$$

ことが保証される。すなわち $k=1$ のときは命題 $(*)$ は正しい。

［Ⅱ］$k=l$ ($l=1,\ 2,\ 3,\ \cdots$) のとき，$(*)$ が正しいと仮定する。

$$(1+x)^{l+1} P(x)$$
$$= (1+x)^l \{(1+x)P(x)\} \quad (\leftarrow (1+x)P(x) \text{ をカタマリ } Q(x) \text{ とみるとよい})$$

の n 次以下の係数がすべて整数であるとき，帰納法の仮定から

　　　整式 $(1+x)P(x)$ の n 次以下の係数はすべて整数である　　　⋯⋯①

ことが保証される。

続いて，①に先程の［Ⅰ］で示したことを用いると，

　　　整式 $P(x)$ の n 次以下の係数はすべて整数である

ことも分かる。したがって，$n=l+1$ のときも命題 $(*)$ は成り立つ。

以上，［Ⅰ］，［Ⅱ］よりすべての自然数 k に対して命題 $(*)$ の成立が示された。■

━━━━━━━━━━━━━◆ コメント ◆━━━━━━━━━━━━━

確かに k に関しての帰納法で回すと随分とスッキリした答えになりましたね。この書き方だと n と k の大小による場合分けも不要ですし，とても明快です。

でも，この解法がテスト中にできるようになるかというとそれはまた別のお話。時間的な制約がある中では「コレでイケル！」と思ったらそれに飛びついてしまうのが人情ってもんです。実は僕も k に関して帰納法を回す解法は人から聞いてはじめて気がついたモノなんですよね。初見では解説にも挙げたように a_i の添え字 i で帰納法を回しました。

ですから本問ではこの模範解答にこだわらなくてもよいと思います。ただ，

何の文字についての帰納法にするのかいつも考える姿勢

だけは身につけるようにしてください。いつもいつもこの問題のように"整

式 $P(x)$ の次数 n "べき乗の k" "係数 a_i の添え字 i" のどれでも帰納法が回せるとは限りませんから。

　この問題は,「いつも授業中に『帰納法のindexはよく考えなさいよ』って言ってるクセに自分でちゃんとできてなかったな」と僕自身が深く反省させられた思い入れの強い1問です。

＊　　　　　＊　　　　　＊

　全称系に帰納法を用いる練習をしてみましょう。本来ならば帰納法のindexを考えさせる類題を紹介するべきなんですが,その問題は別の機会にコッソリ紹介することにして(笑),ここでは君達もよく御存知の"凸不等式"の証明方法を学びとってもらうことにします。

　これはどちらかというと「知らないと無理」といった印象が強いため,少しだけ考えて分からなければ解答をスグに見てもらっても構いません。ただし,**凸不等式の帰納法による証明はいつでも自力で再現できるようになっておく**のが望ましいと思います。

☞ CHECK!3

　関数 $f(x)$ は, $p+q=1$ を満たすすべての正の数 p, q と,すべての実数 x, y に対して, $f(px+qy) \leqq pf(x)+qf(y)$ を満たしているとする。

　このとき,2以上の自然数 n について, $p_1+p_2+\cdots+p_n=1$ を満たすすべての正の数 $p_1, p_2, \cdots, p_n$ と,すべての実数 $x_1, x_2, \cdots, x_n$ に対して,

$$f(p_1x_1+p_2x_2+\cdots+p_nx_n) \leqq p_1f(x_1)+p_2f(x_2)+\cdots+p_nf(x_n)$$

が成り立つことを証明せよ。

〔98年大阪市立大学・理系・後期〕

Theme1-4 【考えられうるケースをすべて尽くせばOK！】

━━━━━━━━━━━━【例題】━━━━━━━━━━━━

　自然数 n, p に対し，n^p を十進法で書いたときの一の位の数を $f_p(n)$ で表す。ただし，自然数とは，1, 2, 3, … のことである。

(1)　n が自然数の全体を動くとき，$f_2(n)$ のとる値を全部求めよ。

(2)　あらゆる自然数 n に対して，$f_5(n) = f_1(n)$ が成り立つことを証明せよ。

(3)　n が自然数の全体を動くとき，$f_{100}(n)$ のとる値を全部求めよ。

〔74年東京大学・共通・二次〕

　整数の分野から全称系の問題を。とはいってもこれは随分とやさしい。君達なら楽勝かもしれませんね。でも一応，題意を確認しておきましょうか。

　一番初めにつまづく部分があるとすれば問題文の $f_p(n)$ ってヤツでしょう。少し「ムムッ！？」と身構えたくなります。

　が，そういったときは

> 〈鉄則〉 －見慣れない設定の n 絡みの問題－
> 　論証問題や確率などで，与えられた設定が目新しく，題意がよくつかめないときは，$n = 2, 3, 4$ 程度の具体的な値を代入して実験することが重要。

に従って具体的に実験するのがお約束。適当にいくつか例に出すと，

　　　$n = 3$, $p = 4$ とすると $3^4 = 81$ だから $f_4(3) = 1$

　　　$n = 5$, $p = 3$ とすると $5^3 = 125$ だから $f_3(5) = 5$

のようになりますね。こういった実験から，

　　　「なんだ，(1)の $f_2(n)$ って "n^2 の一の位" のことじゃん」

とピンとくればあとは楽勝です。

　結局一の位だけが問題になるわけですから，整数 n を10の剰余系で分類し，

考えられうる余りをすべて尽くせばよいことになります。

(2)でも等式" $f_5(n) = f_1(n)$ "の意味を言葉に直して解釈するのが1つのコツ。この式は

「n^5を10で割った余りとnを10で割った余りが等しい」

を意味しますね。ただ，少しだけ注意があって，

〈鉄則〉－「余りが等しい」ことの扱い－
　「余りが等しい」は，整数・整式に関わらず，**「差が割り切れる」と考えて処理**しないとどうにもならないことがある。

もテクニックとして知っておくべきかと。もっと具体的に言うと，

「$n^5 - n$が10の倍数である」

まで言い換えましょう。式で書くと，

$$n^5 \equiv n \pmod{10}$$

のイメージではなくて，

$$n^5 - n \equiv 0 \pmod{10}$$

ととらえておいて欲しいということです。単に移項しただけの違いなんですけど，このホンのちょっとの違いで扱いやすさが全く違ったものとなります。

さて，"倍数の証明"にも色々解法はありますが，

〈鉄則〉－「kの倍数である」ことの証明－
　「kの倍数である」ことの証明は，kを**互いに素な複数の整数に分割して考える**のが基本。その上で，
① 連続k整数の積の形を利用する。
② $\bmod k$ の剰余によって分類し，すべての場合について成立することを言う。
③ 二項定理を利用する。

④ 数学的帰納法に頼る。

などの手段を用いる。

くらいが主要な方法でしょうか（これらの解法を使う簡単な類題がパッと頭に思い浮かびますか？）。

ここでは「全称命題の扱い」がテーマですから，今回はもちろん

② 剰余で分類してすべての場合を尽くす。

を解答に掲載しておきますが，①の連続k整数の積でも妥当な解答となるため，別解として紹介しておくことにします（因みに帰納法でも解答可能）。

最後の(3)は(1)と(2)をうまく使って考えます。n^{100} を $(n^{20})^5$ のように見るなど，指数法則に気をつけながらカタマリを探していきましょう。**誘導を利用するためにカタマリを見抜くのは入試問題では常套手段ですよね？**

● 解 答 ●

以下，合同式の法はすべて10で考える。（←冒頭に明記しておくと mod 10 の書き忘れ防止になる）

(1) 　　　　　$n \equiv 0$ のとき $n^2 \equiv 0$

　　　　　$n \equiv \pm 1$ のとき $n^2 \equiv 1$

　　　　　$n \equiv \pm 2$ のとき $n^2 \equiv 4$

　　　　　$n \equiv \pm 3$ のとき $n^2 \equiv 9$

　　　　　$n \equiv \pm 4$ のとき $n^2 \equiv 16 \equiv 6$

　　　　　$n \equiv 5$ のとき $n^2 \equiv 25 \equiv 5$

であり，任意の自然数nを10で割った余りは $0, \pm 1, \pm 2, \pm 3, \pm 4, 5$ のいずれかであるから，上記ですべての場合を尽くしている。したがって，$f_2(n)$ のとりうる値は

$$\therefore\ f_2(n) = 0 \text{ or } 1 \text{ or } 4 \text{ or } 5 \text{ or } 6 \text{ or } 9 \quad \blacksquare$$

(2) 題意を示すには，$n^5 \equiv n$ を示せばよい。

　　　　　$n \equiv 0$ のとき $n^5 \equiv 0$

　　　　　$n \equiv \pm 1$ のとき $n^5 \equiv \pm 1$

　　　　　$n \equiv \pm 2$ のとき $n^5 \equiv \pm 32 \equiv \pm 2$

　　　　　$n \equiv \pm 3$ のとき $n^5 \equiv \pm 243 \equiv \pm 3$

　　　　　$n \equiv \pm 4$ のとき $n^5 \equiv \pm 1024 \equiv \pm 4$

　　　　　$n \equiv 5$ のとき $n^5 \equiv 25^2 \cdot 5 \equiv 5^2 \cdot 5 \equiv 125 \equiv 5$ 　（以上すべて複号同順）

したがって，いずれの場合においても $n^5 \equiv n$ が成り立っているから，任意の自然数 n に対して $f_5(n) = f_1(n)$ が成り立つ． ■

(3) (2)の事実を2回用いると，
$$n^{100} = (n^{20})^5 \equiv n^{20} \quad [\because (2)]$$
$$= (n^4)^5 \equiv n^4 \quad [\because (2)]$$
$$\therefore \ f_{100}(n) = f_4(n) \quad \cdots\cdots ①$$

であり，(1)も踏まえて

$n^2 \equiv 0$ のとき $n^4 \equiv 0$

$n^2 \equiv 1$ のとき $n^4 \equiv 1$

$n^2 \equiv 4$ のとき $n^4 \equiv 16 \equiv 6$

$n^2 \equiv 5$ のとき $n^4 \equiv 25 \equiv 5$

$n^2 \equiv 6$ のとき $n^4 \equiv 36 \equiv 6$

$n^2 \equiv 9$ のとき $n^4 \equiv 81 \equiv 1$

$$\therefore \ f_4(n) = 0 \ \text{or} \ 1 \ \text{or} \ 5 \ \text{or} \ 6 \quad \cdots\cdots ②$$

だから，①，②より，$f_{100}(n)$ のとりうる値は

$$\therefore \ f_{100}(n) = 0 \ \text{or} \ 1 \ \text{or} \ 5 \ \text{or} \ 6 \quad ■$$

━━━━━━━━━━ ● 別 解 ● ━━━━━━━━━━

(2) $\quad n \equiv 0 \pmod 2$ のとき $n^5 - n \equiv 0^5 - 0 \equiv 0 \pmod 2$

$\quad n \equiv 1 \pmod 2$ のとき $n^5 - n \equiv 1^5 - 1 \equiv 0 \pmod 2$

であるから，$n^5 - n$ は2の倍数である．

さてここで，n に関する恒等式
$$(n-2)(n-1)n(n+1)(n+2) = n^5 - 5n^3 + 4n$$
を少し変形した，
$$n^5 - n = (n-2)(n-1)n(n+1)(n+2) + 5n^3 - 5n$$
を考えると，n が自然数を動くとき，

$(n-2)(n-1)n(n+1)(n+2)$ は連続5整数の積であるから $5!$ の倍数

$5n^3 - 5n$ は5の倍数

だから，$n^5 - n$ は5の倍数であることが分かる．

したがって，以上のことと2と5が互いに素であることを考慮すると，$n^5 - n$ は10の倍数であることが保証される．

$$n^5 \equiv n \pmod{10} \quad (n = 1, 2, 3, \cdots)$$

$$\therefore \ f_5(n) = f_1(n) \quad (n = 1, 2, 3, \cdots) \quad ■$$

◆ コメント ◆

　京大受験者に注意しておきます。京都大学の採点には変な噂があって，
「合同式を答案に用いると減点する」
と聞いたことがあります。真偽のほどは定かではありませんが，敢えて危険な橋を渡るのも馬鹿馬鹿しいので，**京大入試では合同式を用いて答案を作成するのは避けた方がよいでしょう。**

　すなわち，もしも本問が京大出典であるなら，(1)などは多少面倒でも
「$n = 10m$（mは整数）のとき $n^2 = 100m^2$ は10の倍数
$n = 10m \pm 1$（mは整数）のとき $n^2 = 10(10m^2 \pm 2m) + 1$ は10で割って1余る
$$\vdots$$
$n = 10m + 5$（mは整数）のとき $n^2 = 10(10m^2 + 10m + 2) + 5$ は10で割って5余る」
のように書く方が無難であると言えます。

＊　　　　　＊　　　　　＊

　では，本問で説明したことに関連して3つほど問題を紹介しておきます。出典が京大である問題は，合同式を使わないで答案をまとめてみてください。因みに☞**CHECK!4**は問題文がとても独特で，超有名な問題ですから知っている人も多いかもしれませんね。この問題は30点満点の問題でした。

☞ **CHECK!4**

自然数 n の関数 $f(n)$, $g(n)$ を

$$f(n) = n \text{ を7で割った余り}$$
$$g(n) = 3f\left(\sum_{k=1}^{7} k^n\right)$$

によって定める。

(1) すべての自然数 n に対して $f(n^7) = f(n)$ を示せ。

(2) あなたの好きな自然数 n を1つ決めて $g(n)$ を求めよ。その $g(n)$ の値をこの設問(2)におけるあなたの得点とする。

〔95年京都大学・文系・後期〕

☞ **CHECK!5**

p は3以上の素数であり, x, y は $0 \leqq x \leqq p$, $0 \leqq y \leqq p$ を満たす整数であるとする。このとき x^2 を $2p$ で割った余りと, y^2 を $2p$ で割った余りが等しければ, $x = y$ であることを示せ。

〔03年京都大学・文系・前期〕

☞ **CHECK!6**

$p(x)$ を x に関する3次式とする。x^4 と x^5 を $p(x)$ で割った余りは等しくて, 0ではないとする。x の整式 $f(x)$ が $p(x)$ で割り切れず, $xf(x)$ は $p(x)$ で割り切れるとき, $f(x)$ を $p(x)$ で割った余り $r(x)$ を求めよ。ただし, $r(x)$ の最高次の係数は1となるものとする。

〔76年東京工業大学〕

Theme1-5 【このタイプは少し珍しい 〜全称命題での背理法〜】

【例題】

nを自然数とする。n個の実数 $a_1, a_2, \cdots, a_n$ が

$$a_1 \geqq a_2 \geqq \cdots \geqq a_n \geqq 0, \ \sum_{k=1}^{n} a_k = 1$$

を満たすとき，$1 \leqq l \leqq n$ であるすべての自然数lに対して

$$\frac{l}{n} \leqq \sum_{k=1}^{l} a_k \leqq 1$$

が成り立つことを示せ。

〔06年山形大学・医・前期〕

全称証明の最後に背理法を用いる問題を紹介しておきましょう。三大学入試ではありませんが結構難しい。背理法を用いるのは知らないつもりで問題を考えていくことにします。

本問の構造は

nとlの2つの文字に対する全称系

ですが，問題の雰囲気から

「nを定数扱いしてlを離散的な変数に扱う」

のが妥当なのはなんとなく理解できるかと。しかしながら，問題の構造以外はイマイチしっくりこないため，前問と同様に実験は欠かせません。そして，その際に

> 〈鉄則〉 －Σ記号の鉄則－
>
> Σ記号の中身が複雑で題意がつかみにくい時は，"…"を用いて書き下すだけでも随分と見やすくなる。

も1つのコツで，Σ記号に抵抗を感じるならば無理にこの記号にこだわらず，イメージしやすいように"…"を用いて落ち着いて書き下すべきなのです。これは問題集の解答などを自力で理解するときにも役に立ちます。Σ記号に

惑わされそうになったら，面倒くさがらずに必ず書き下すようにしましょう。

まずはイメージをつかむためにも $n=4$ として問題を書き換えてみます。

> 問　$a_1 \geq a_2 \geq a_3 \geq a_4 \geq 0$, $a_1+a_2+a_3+a_4=1$ を満たす実数 a_1, a_2, a_3, a_4 を考える。このとき，$1 \leq l \leq 4$ を満たすすべての自然数 l に対して
> $$\frac{l}{4} \leq a_1+\cdots+a_l \leq 1$$
> が成り立つことを証明せよ。

これでもイメージは沸きづらい。もっと平たい表現に直すと，

「すべての和が1で，単調減少する4つの非負数 a_1, a_2, a_3, a_4 を考えたとき，
$$\frac{1}{4} \leq a_1 \leq 1$$
$$\frac{2}{4} \leq a_1+a_2 \leq 1$$
$$\frac{3}{4} \leq a_1+a_2+a_3 \leq 1$$
$$\frac{4}{4} \leq a_1+a_2+a_3+a_4 \leq 1$$
の4つの不等式すべてが成り立つ」

となりますね。

最後の不等式は $a_1+a_2+a_3+a_4=1$ からアタリマエだとしても，他の不等式は本当にそうなるのかきちんと考えなければなりません。どうしましょうか？

人間やはりイメージによる理解に勝るモノはなく，微積でよくやる面積評価と同様に本問を解釈してみます。

$a_1 \sim a_4$ を右図の短冊の面積と考えてみてください。条件 $a_1+a_2+a_3+a_4=1$ から，これらの面積の総和は斜線部分の面積に等しいことが大前提。

すると，$\{a_k\}$ は単調減少ということもあって，

「a_1 や a_2 の前半の項でそこそこ大きな面積を占有していなければ，
$a_1 \sim a_4$ までの総和が1になることはない」

のが感覚的に分かるでしょう。

例えば a_1 の値が $\dfrac{1}{4}$ 未満だったとします。そして，この後に続く a_2, a_3, a_4 を最大ギリギリの a_1 と同じ値にしても面積の総和 $a_1+a_2+a_3+a_4$ は残念なことに1には届かないワケです。

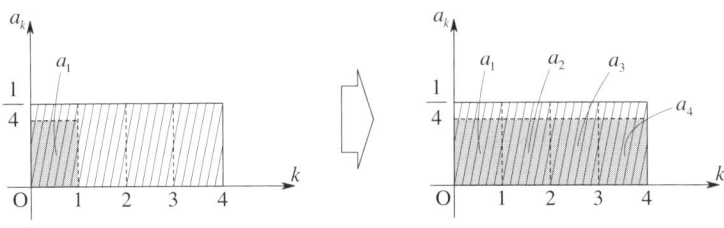

a_1 が $\dfrac{1}{4}$ を下回っているとすると⋯⋯　　　　残りすべての項を最大にしても1に届かない

もう大丈夫ですね？　あとはこの事実を一般の n に直して背理法でまとめれば完了です。

● 解　答 ●

$n=1$ のときは題意は正しいので，以下 $n \geq 2$ として考える。

$$a_1 \geq a_2 \geq \cdots \geq a_n \geq 0 \qquad \cdots\cdots ①$$

$$\sum_{k=1}^{n} a_k = a_1 + a_2 + \cdots + a_n = 1 \qquad \cdots\cdots ②$$

としておく。

①より，有限数列 $\{a_k\}$ ($1 \leq k \leq n$) の各項は0以上であるから，$1 \leq l \leq n$ を満たすどの整数 l に対しても

$$\begin{aligned}\sum_{k=1}^{l} a_k &= a_1 + a_2 + \cdots + a_l \\ &\leq a_1 + a_2 + \cdots + a_l + \cdots + a_n \quad [\because ①] \\ &= 1 \quad [\because ②]\end{aligned}$$

より，$\sum_{k=1}^{l} a_k \leq 1$ ($l=1, 2, \cdots, n$) は正しい。

一方，

$$\sum_{k=1}^{m} a_k = a_1 + a_2 + \cdots + a_m < \frac{m}{n} \qquad \cdots\cdots ③$$

となる整数 m ($1 \leq m \leq n$) が存在したと仮定すると，

$$ma_m \leq a_1 + a_2 + \cdots + a_m < \frac{m}{n} \quad [\because ①の数列 \{a_k\} の単調減少性]$$

$$\therefore \ a_m < \frac{1}{n} \quad [\because m>0] \qquad \cdots\cdots ④$$

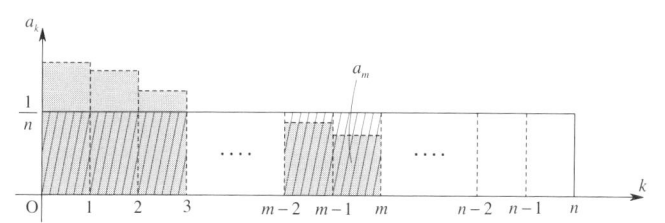

網目部分の面積が斜線部分の面積よりも小さいならば $a_m < \dfrac{1}{n}$ であるはず

さて，④のもとでは，a_m 以降の項についても
$$0 \leqq a_n \leqq a_{n-1} \leqq \cdots \leqq a_{m+1} \leqq a_m < \dfrac{1}{n} \quad [\because ①]$$
であるから，
$$(0 \leqq) \underbrace{a_{m+1} + a_{m+2} + \cdots + a_n}_{n-m \text{ 個}} < \dfrac{n-m}{n} \qquad \cdots ⑤$$
である。

ここで，③ + ⑤をすると，
$$a_1 + a_2 + \cdots + a_n < 1$$
となって，これは②に矛盾する。
$$\therefore \dfrac{l}{n} \leqq \sum_{k=1}^{l} a_k \quad (l = 1, 2, \cdots, n)$$
したがって，以上により，$1 \leqq l \leqq n$ であるすべての自然数 l に対して
$$\dfrac{l}{n} \leqq \sum_{k=1}^{l} a_k \leqq 1$$
が成り立つ。■

━━━━━━━━━━━ ◆ コメント ◆ ━━━━━━━━━━━

なるほど，和 $\sum_{k=1}^{l} a_k$ が途中で $\dfrac{l}{n}$ よりも小さくなってしまうと

「最終項の a_l は平均値 $\dfrac{1}{n}$ を下回るハズ」

で，残りの $a_{l+1} \sim a_n$ を加えたときに面積1に届かなくなるんですね。

因みに，解答中の⑤式を考えると，$m = n$ のときだけは場合分けしてあげる方が厳密なのかもしれません（$a_{n+1} + a_{n+2} + \cdots + a_n$ といった式は少しオカシイ）。ただ，これを分けて答案にすると君達は余計に混乱するかもと思ったため敢えてまとめて解答しました。

さて，ここまでの解説を読んで，君達が「そんなん思いつくのムリムリ」

と感じるのは，恐らく

「短冊の面積に対応させて視覚的に考える」

部分でしょう。人から言われれば納得ですが，こういった発想が使いこなせるようになるにはある程度の修行が必要です。そのためにも，

「この問題文は結局どういうことなんかなぁ？」

といつも問題の意味合いを考える姿勢を持ち続けるようにしてください。

　蛇足かもしれませんが，この問題をnに関する帰納法で回そうとするとどういったことになるのか検証してみます。☞**CHECK!3**の解説でも似た話をしましたし，かなり回りくどいものになるため，面倒ならば読み飛ばしてもらっても構いません。

　厄介なのは帰納法のアルゴリズムの部分で，成立すると仮定する命題は

$n = i \ (i = 1, \ 2, \ 3, \ \cdots)$でOK

$$a_1 \geq a_2 \geq \cdots \geq a_i \geq 0 \ \text{かつ} \ a_1 + a_2 + \cdots + a_i = 1$$

$$\text{ならば} \ \frac{l}{i} \leq \sum_{k=1}^{l} a_k \leq 1 \ (1 \leq l \leq i) \ \text{となる。}$$

で，これは利用可能なモノです。

　これに対して示すべき命題は

$n = i+1$ の示すべき命題

$$\underline{a_1 \geq a_2 \geq \cdots \geq a_i \geq a_{i+1} \geq 0 \ \text{かつ} \ a_1 + a_2 + \cdots + a_i + a_{i+1} = 1}$$
これは大前提！

$$\text{ならば} \ \frac{l}{i+1} \leq \sum_{k=1}^{l} a_k \leq 1 \ (1 \leq l \leq i+1) \ \text{となる。}$$

となって，$n = i$ と $n = i+1$ では

$$a_1 + a_2 + \cdots + a_i = 1 \ \text{と} \ a_1 + a_2 + \cdots + a_i + a_{i+1} = 1$$

のように各文字の前提が違います。

　確かに前述の"凸不等式"の証明(☞**CHECK!3**)のようにうまくカタマリと

することで帰納法を回すこともあります。ここでも同様に考えて $n = i+1$ で
$$A = a_i + a_{i+1}$$
のようにカタマリ A を定めれば，i 個の総和が1となる
$$a_1 + a_2 + \cdots + a_{i-1} + A = 1$$
の方は確かに満たされます。

　しかしながらもう1つの前提である単調性
$$a_1 \geqq a_2 \geqq \cdots \geqq a_{i-1} \geqq A \geqq 0$$
の**不等式 $a_{i-1} \geqq A$ が成り立つ保証はありません**。こういった理由から，ここから先は手詰まりとなってしまい，n に関する帰納法は却下となるワケです。

　理解できましたか？　少し難しかったかな？

　　　　　　　　　　＊　　　　　　　　＊　　　　　　　　＊

　全称証明に背理法を用いること自体が珍しいため，僕自身類題のストックをあまりもっておらず，下に紹介している☞**CHECK!7**は本当は n についての累積帰納法で解答するのが妥当なんですけどね，ここでは敢えて背理法で解答を完成させてみてください。巻末の解答には背理法と帰納法の両方の書き方を掲載しておきます。

☞**CHECK!7**

　数列 $\{a_n\}$ は，すべての正の整数 n に対して $0 \leqq 3a_n \leqq \sum_{k=1}^{n} a_k$ を満たしているとする。このとき，すべての n に対して $a_n = 0$ であることを示せ。

〔10年京都大学・理系甲〕

Theme1-6 【座標系の図形は"点の集合"ととらえよう！】

═══════════════【例題】═══════════════

楕円 $E: \dfrac{x^2}{4} + y^2 = 1$ の部分集合 E_1, E_2 を次のように定める。

$$E_1 = \left\{ \begin{pmatrix} x \\ y \end{pmatrix} \in E \,\middle|\, x \geq 0,\ y \geq 0 \right\}$$

$$E_2 = \left\{ \begin{pmatrix} x \\ y \end{pmatrix} \in E \,\middle|\, x \leq 0,\ y \leq 0 \right\}$$

平面の一次変換 f で E_1 を E_2 に移すものをすべて求めよ。

〔93年京都大学・文系・前期〕

───────────────────────────────

ここからは全称の求値問題を扱っていくことにします。なになに？

「この問題のどこが全称系か分からない」

だって？　そう感じる気持ちも分かりますが，本問も立派な全称命題です。このことを理解するためにも少し余談につき合ってもらいましょうか。

軌跡や領域の授業をするとき，僕は必ずと言っていいほど

「$y = x^2$ってどんな図形？」

って問を生徒に投げかけるんですよ。すると大抵は"原点を頂点とする放物線"だとか"2次関数"といった答が返ってきます。もちろんどちらも正しい。

でも，僕としては次のように認識を改めておいて欲しいんですよね。

「$y = x^2$ という関係式を満たす点の集合である」

のように。

"放物線"とか"2次関数"とかいった表現では曲線を丸ごと1つの図形としてとらえたイメージをもってしまいがちです。そうではなくって，

「無限個の点の集合によって曲線 $y = x^2$
　が構成されている」

と眺めるべきなんですよね(右図)。

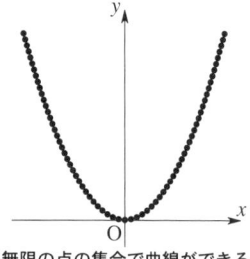

無限の点の集合で曲線ができる

これは座標系の軌跡や領域を扱う上での1つのコツでもあって，こう解釈するといままでイマイチ理解できなかった軌跡や領域の問題もとても分かりやすいものになります(☞詳細は各論編 $Theme3$ を参照)。

一次変換の問題も軌跡の一部と言えるため，本問でも

「図形 E_1 上の点はすべて一次変換 f によって E_2 に移る」

ととらえるのが理解するための第一歩となります。

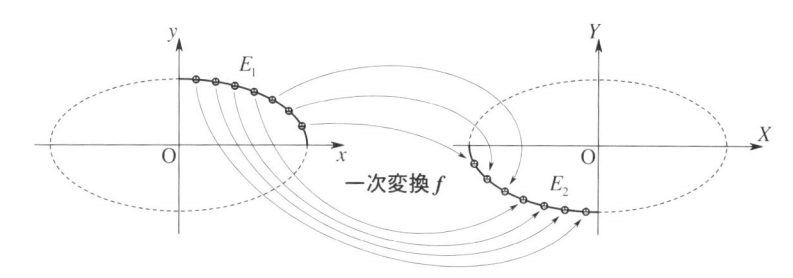

図形 E_1 上の点を P(x, y) とし，点 P の一次変換 f による像を Q(X, Y) としておきます。そして，一次変換 f を表す行列を $A = \begin{pmatrix} a & b \\ c & d \end{pmatrix}$ (a, b, c, d は実数)としましょう。すると，文字 x, y は

$$\frac{x^2}{4} + y^2 = 1, \ x \geq 0, \ y \geq 0 \qquad \cdots\cdots(\text{イ})$$

を満たすはずです。そして，点 P が移った先の点 Q(X, Y) は

$$X = ax + by, \ Y = cx + dy \qquad \cdots\cdots(\text{ロ})$$

と表され，この Q(X, Y) は題意から E_2 上になければいけません。

$$\frac{X^2}{4} + Y^2 = 1, \ X \leq 0, \ Y \leq 0$$

を満たすワケですね。先程の(ロ)式を用いて X, Y を消去すると，

$$\frac{(ax+by)^2}{4} + (cx+dy)^2 = 1, \ ax+by \leq 0, \ cx+dy \leq 0 \qquad \cdots\cdots(\text{ハ})$$

となり，ここまでは君達も自力で進めることができると思います。

さて，受験生が迷い始めるとすればここからで，(ハ)式からどう議論を展開するべきであるのかよく分かっていないんですよね。

結論を言ってしまうと，

「(ハ)式の事実が(イ)式を満たしているすべての点 (x, y) で成り立つ」

が答です．ですから，等式
$$\frac{(ax+by)^2}{4} + (cx+dy)^2 = 1$$
$$\Leftrightarrow \left(\frac{a^2}{4}+c^2\right)x^2 + \left(\frac{ab}{2}+2cd\right)xy + \left(\frac{b^2}{4}+d^2\right)y^2 = 1$$

は " $\frac{x^2}{4}+y^2=1, x \geqq 0, y \geqq 0$ を満たす無限個の点 (x, y)" で成り立たなければいけません．この現象が起こるのは

「$\frac{x^2}{4}+y^2=1$ と $\left(\frac{a^2}{4}+c^2\right)x^2 + \left(\frac{ab}{2}+2cd\right)xy + \left(\frac{b^2}{4}+d^2\right)y^2 = 1$ が同じ式」

のときだけですね．ここまでくれば係数比較するのは自然な発想でしょう．

長々と説明してきたことをまとめると，

⟨鉄則⟩ －成分による一次変換－

"点"以外の"広がりをもつ図形"の移動を考えるときは，行列に成分を導入するのが標準解法．この際，与えられた図形を"まとまった図形"と眺めるのではなく，**"その方程式を満たす点の集合"と眺める**ことが基本姿勢(一次変換は軌跡・領域の一部)．このもとで，図形上の点をパラメータ表現することから話は始まる．

移動する素材としては，

① 直線 $l : ax+by+c=0$ ($a \neq 0$ または $b \neq 0$)

② 楕円・双曲線 $C : \frac{x^2}{a^2} \pm \frac{y^2}{b^2} = 1$ ($a>0$ かつ $b>0$)

などが多い．

さらに，「パラメータに関しては全称系の問題である」と認識することが非常に重要．

となります．

こういったことを踏まえて解答を見てみましょう．実は係数比較してからの連立式の処理も大変で，こういった難しさは京大特有です．コメントに詳しく考察を加えておきますから，そちらもよく理解しておいてくださいね．

Theme1　全称命題の扱い　53

● 解　答 ●

　E_1 上の点を P(x, y) とし，P の一次変換 f による像を Q とする。また，一次変換 f の表現行列を $A = \begin{pmatrix} a & b \\ c & d \end{pmatrix}$ としておく。
　このとき，
$$\begin{cases} \dfrac{x^2}{4} + y^2 = 1 & \cdots\cdots① \\ x \geqq 0,\ y \geqq 0 & \cdots\cdots② \end{cases}$$
を満たす。
$$A\begin{pmatrix} x \\ y \end{pmatrix} = \begin{pmatrix} ax+by \\ cx+dy \end{pmatrix}$$
であるから，点 Q は Q$(ax+by, cx+dy)$ であり，これが E_2 上にあるので，
$$\dfrac{(ax+by)^2}{4} + (cx+dy)^2 = 1$$
$$\Leftrightarrow \left(\dfrac{a^2}{4} + c^2\right)x^2 + \left(\dfrac{ab}{2} + 2cd\right)xy + \left(\dfrac{b^2}{4} + d^2\right)y^2 = 1 \quad \cdots\cdots(*)$$
$$ax+by \leqq 0,\ cx+dy \leqq 0 \quad \cdots\cdots③$$
を満たすことになる。
　そして，この$(*)$は「①かつ②を満たすあらゆる点 (x, y) に対して成り立つ」が，①と$(*)$が全く同じ式でなければこういったことが起こることはない。
　したがって，これらの2式の係数を比較してよく，
$$\begin{cases} \dfrac{a^2}{4} + c^2 = \dfrac{1}{4} & \cdots\cdots④ \\ \dfrac{ab}{2} + 2cd = 0 & \cdots\cdots⑤ \\ \dfrac{b^2}{4} + d^2 = 1 & \cdots\cdots⑥ \end{cases}$$
　また，③式も「①かつ②を満たすあらゆる点 (x, y) に対して成り立つ」のだから，
$$\begin{pmatrix} x \\ y \end{pmatrix} = \begin{pmatrix} 2 \\ 0 \end{pmatrix} \text{ or } \begin{pmatrix} 0 \\ 1 \end{pmatrix}$$
としても成り立つはずで，このとき③式に代入すると，
$$a \leqq 0,\ b \leqq 0,\ c \leqq 0,\ d \leqq 0 \quad \cdots\cdots⑦$$
が必要条件として導かれる。
　さて，⑦であるなら，$ab \geqq 0$, $cd \geqq 0$ であって，これらを踏まえて⑤を眺めると，
$$ab = 0 \ \text{かつ}\ cd = 0$$
に限られる。
$$\therefore\ \lceil a = 0 \text{ or } b = 0 \rfloor \text{ かつ } \lceil c = 0 \text{ or } d = 0 \rfloor \quad \cdots\cdots⑧$$
　④，⑥，⑦，⑧をすべて連立させて考えると，

$$(a, b, c, d) = (0, -2, -\frac{1}{2}, 0) \text{ or } (-1, 0, 0, -1)$$

$$\therefore A = \begin{pmatrix} 0 & -2 \\ -\frac{1}{2} & 0 \end{pmatrix} \text{ or } A = \begin{pmatrix} -1 & 0 \\ 0 & -1 \end{pmatrix}$$

以下，十分性について考察する。

i) $A = \begin{pmatrix} 0 & -2 \\ -\frac{1}{2} & 0 \end{pmatrix}$ のとき，$Q(-2y, -\frac{1}{2}x)$ となるが，

$$\frac{(-2y)^2}{4} + (-\frac{1}{2}x)^2 = \frac{x^2}{4} + y^2 = 1 \quad [\because ①]$$

$$-2y \leq 0, -\frac{1}{2}x \leq 0 \quad [\because ②]$$

だから，確かにこれは E_2 上にあり十分。

ii) $A = \begin{pmatrix} -1 & 0 \\ 0 & -1 \end{pmatrix}$ のとき，$Q(-x, -y)$ となるが，

$$\frac{(-x)^2}{4} + (-y)^2 = \frac{x^2}{4} + y^2 = 1 \quad [\because ①]$$

$$-x \leq 0, -y \leq 0 \quad [\because ②]$$

となって，やはりこれも E_2 上にあり十分。

以上の議論から，求める一次変換 f は，

$$\therefore f : A = \begin{pmatrix} 0 & -2 \\ -\frac{1}{2} & 0 \end{pmatrix} \text{ or } A = \begin{pmatrix} -1 & 0 \\ 0 & -1 \end{pmatrix} \blacksquare$$

◆ コメント ◆

解答中④〜⑥式が得られてから，これらを連立せずに③式に話題を移しています。解答を読んでいてもどうしてこうするのか不思議に感じた人も多いことでしょう。

自分で手を動かしてみれば分かることなんですけど，④〜⑥を連立するだけでは (a, b, c, d) の値は定まらないんですよね。どう頑張っても $4a^2 + b^2 = 4$ だとか $4c^2 + d^2 = 1$ だとかいった式が新しく得られるだけで，いつまでたっても (a, b, c, d) は求まらない。

原理の部分を考えてみれば話は簡単で，未知数は a, b, c, d の4つに対し，条件式は④〜⑥の3つです。連立方程式の原則は

「未知数 n 個に対し，等式 n 個でようやく一意的に定まる」

でしたよね？ もちろん例外はたくさんあるにしても，この3式のみで答が求まるべくもないワケです。

仕方がないので不等条件 $ax+by\leqq 0$, $cx+dy\leqq 0$ も考慮して考察を加えることになります。ただし，⑦式が得られた後に⑤式に目をやるなどはナカナカ難しいと思います。試験場で完答できた受験生は少なかったのではないでしょうか？

「不等条件も含めて連立式を考えないと答が定まらない」ような問題は総じて難しいんですけど，京大ではちょこちょこそういった問題をお見かけするため，

　　　　「連立するべき条件式をすべて見渡してじっくり考察する」

のも忘れないようにしてください。

　　　　　　　　＊　　　　　　＊　　　　　　＊

例題で結構頭を悩ませたでしょうから，次の☞**CHECK!8**はやさしいものを選んでおきました。題材が2次曲線から直線に変わっただけで随分と扱いやすいものになります。これらの問題を通じて

　　　　　　　　「座標平面上の図形は"点の集合"と見る」

のをしっかりと身につけてください。

☞**CHECK!8**

行列 $A=\begin{pmatrix}a & -b \\ b & a\end{pmatrix}$ の表す xy 平面の一次変換が，直線 $y=2x+1$ を直線 $y=-3x-1$ へ移すとする。点 P(1, 2) が移る点を Q とし，原点を O とするとき，2直線 OP と OQ のなす角の大きさを求めよ。

〔87年東京大学・理系〕

Theme1-7 【「必要から十分へ」のススメ】

【例題】

原点を中心とする半径1の円 O の周上に定点 A(1, 0) と動点 P をとる。

(1) 円 O の周上の点 B, C で $PA^2 + PB^2 + PC^2$ が P の位置によらず一定であるようなものを求めよ。

(2) 点 B, C が(1)の条件を満たすとき $PA + PB + PC$ の最大値と最小値を求めよ。

〔93年一橋大学・前期〕

全称系の求値では"係数比較"に対して"数値代入"も大切な方針となるのは周知の事実です。さっきの例題の解答でもコッソリ使っています(笑)。

でも，"数値代入"という言葉に引っ張られてか，題材が数式以外のものになると途端に受験生は使いこなせなくなるんですよね。別に数式以外でも全然通用する考え方なのに，図形の位置やベクトルといったものになると，コロッとこの方針を忘れてしまう。

本問でもきっと

$$B(\cos\beta, \sin\beta), C(\cos\gamma, \sin\gamma),$$
$$P(\cos\theta, \sin\theta) \ (0 \leq \beta \leq \gamma < 2\pi)$$

などとおいて，

$$PA^2 + PB^2 + PC^2$$
$$= -2(\cos\beta + \cos\gamma + 1)\cos\theta - 2(\sin\beta + \sin\gamma)\sin\theta + 6$$

が θ によらない定数関数となるように

$$\cos\beta + \cos\gamma + 1 = 0 \ \ \text{かつ} \ \ \sin\beta + \sin\gamma = 0$$

としたくなるところでしょう。確かにこれもそれほど悪い方針ではありません(厳密にするなら $\theta = 0$ or $\dfrac{\pi}{2}$ or π とした式を等式で結べばOK)。

しかし，どうせ特別な値を代入するなら，わざわざ座標表現する前に点Pを特殊なものに設定してもよいハズです。こう言うと，

「エ？ 座標も使わずにどうやってPを特別なものにするの？」

と疑問に思う人も多いかと。でもよくよく見てみると問題文に特別な点がシッカリ書いてありますよね。それに重ねて考えてみましょう。

● 解 答 ●

(1) $L(P) = PA^2 + PB^2 + PC^2$

とする。題意により，$L(P)$ は点 P の位置によらないので，

$$L(P = A) = L(P = B) = L(P = C)$$
$$\Leftrightarrow AB^2 + AC^2 = BA^2 + BC^2 = CA^2 + CB^2$$

が成り立ち，これを解くと，

$$AB = BC = CA \quad [\because AB \geq 0, BC \geq 0, CA \geq 0]$$

つまりは，A, B, C は同一の 1 点に重なるか，正三角形となることが必要。

i) $A = B = C = (1, 0)$ のとき，$P(\cos\theta, \sin\theta)$ $(0 \leq \theta < 2\pi)$ とすれば，

$$L(P) = 3\{(\cos\theta - 1)^2 + \sin^2\theta\} = 6 - 6\cos\theta$$

は θ（P の位置）に依存して変化するから題意を満たさない。

ii) $\triangle ABC$ が正三角形となるとき，$A(1, 0)$ であって 2 点 B, C が円 O 上の制限のもとで $AB = BC = CA$ となるのは，

$$B\left(-\frac{1}{2}, \pm\frac{\sqrt{3}}{2}\right), C\left(-\frac{1}{2}, \mp\frac{\sqrt{3}}{2}\right) \text{（複号同順）}$$

に限る。

このとき，$P(\cos\theta, \sin\theta)$ $(0 \leq \theta < 2\pi)$ に対して，

$L(P)$

$= \{(\cos\theta - 1)^2 + \sin^2\theta\} + \left\{\left(\cos\theta + \frac{1}{2}\right)^2 + \left(\sin\theta \mp \frac{\sqrt{3}}{2}\right)^2\right\} + \left\{\left(\cos\theta + \frac{1}{2}\right)^2 + \left(\sin\theta \pm \frac{\sqrt{3}}{2}\right)^2\right\}$

$= (2 - 2\cos\theta) + (2 + \cos\theta \mp \sqrt{3}\sin\theta) + (2 + \cos\theta \pm \sqrt{3}\sin\theta)$

$= 6$（以上すべて複号同順）

となって，θ によらない一定値となるから十分でもある。

以上 i)，ii) より，求めるものは，

$$\therefore B\left(-\frac{1}{2}, \pm\frac{\sqrt{3}}{2}\right), C\left(-\frac{1}{2}, \mp\frac{\sqrt{3}}{2}\right) \text{（複号同順）} \blacksquare$$

(2) $B\left(-\frac{1}{2}, \frac{\sqrt{3}}{2}\right), C\left(-\frac{1}{2}, -\frac{\sqrt{3}}{2}\right)$ としても一般性は失われず，正三角形の対称性も考慮して，まずは $0 \leq \theta \leq \frac{\pi}{3}$ の範囲で議論を進める。$l(\theta) = PA + PB + PC$ としておく。

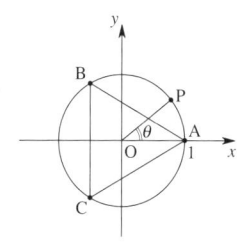

$$l(\theta) = PA + PB + PC$$
$$= 2\sin\frac{\angle POA}{2} + 2\sin\frac{\angle POB}{2} + 2\sin\frac{\angle POC}{2}$$
$$= 2\sin\frac{\theta}{2} + 2\sin\left(\frac{\pi}{3} - \frac{\theta}{2}\right) + 2\sin\left(\frac{\pi}{3} + \frac{\theta}{2}\right) \quad (\leftarrow \angle POC は \pi 以下の方)$$
$$= 2\sin\frac{\theta}{2} + 4\sin\frac{\pi}{3}\cos\left(-\frac{\theta}{2}\right) \quad [\because 和積公式]$$
$$= 2\left(\sin\frac{\theta}{2} + \sqrt{3}\cos\frac{\theta}{2}\right)$$
$$= 4\sin\left(\frac{\theta}{2} + \frac{\pi}{3}\right) \quad [\because 合成公式]$$

であって，$0 \leq \theta \leq \frac{\pi}{3}$ の範囲で動かすと，$\frac{\pi}{3} \leq \frac{\theta}{2} + \frac{\pi}{3} \leq \frac{\pi}{2}$ だから，

$\frac{\theta}{2} + \frac{\pi}{3} = \frac{\pi}{3} \Leftrightarrow \theta = 0$ のときに最小値 $2\sqrt{3}$ をとり，

$\frac{\theta}{2} + \frac{\pi}{3} = \frac{\pi}{2} \Leftrightarrow \theta = \frac{\pi}{3}$ のときに最大値 4 をとる。

したがって，対称性を外して考えると，

$$\begin{cases} 点 P が A, B, C のいずれかに重なるときに最小値 2\sqrt{3} をとり, \\ 点 P が弧 AB, BC, CA の中点のいずれかとなるときに最大値 4 をとる。 \end{cases}$$ ■

━━━━━━━━━━ ◆ コメント ◆ ━━━━━━━━━━

弦の1乗和の表現方法について補足しておきます。解答では

〈鉄則〉－内接多角形の辺長－

　内接多角形の辺長を表すときに，余弦定理を用いてはならない。根号の処理に困るからである。外接円の半径を R，中心角を $\angle AOB = \theta$ とすると，
$$AB = 2R\sin\frac{\theta}{2}$$
で表されるという方法を必ず用いること。その際，中心角を θ ではなく 2θ とおくのも1つのテクニックである。

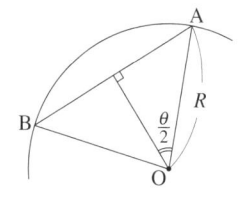

　特に，円に内接する三角形の辺長を扱う際は，正弦定理を利用すると，余計な場合分けを考慮せずに済む。

に従って $l(\theta) = $ PA + PB + PC を表現しました．円の弦の長さを表現するとき，受験生はスグに余弦定理に飛びつく傾向があるんですけどね，それはいけませんよ．確かに半角公式を用いて

$$AB = \sqrt{2R^2 - 2R^2\cos\theta} = \sqrt{4R^2 \cdot \frac{1-\cos\theta}{2}} = 2R|\sin\frac{\theta}{2}| \quad [\because R > 0]$$

とすれば根号を外すことも可能なんですけど，こんな式変形をするくらいなら初めから図形的に考えればイイと思いませんか？　**根号を含んだまま微分とか絶対にやっちゃいけませんよ．**

＊　　　　　＊　　　　　＊

必要性から考える問題をいくつか次に紹介しておきます．入試問題としてはそこそこの難易度だと思うんですけど，「必要から十分へ」の眺め方を使えばなんとか喰らいついていけますよね？

☞ CHECK!9

$\vec{a}, \vec{b}, \vec{c}$ を空間内の単位ベクトルとし，任意の単位ベクトル $\vec{d}$ に対して，$(\vec{a}\cdot\vec{d})^2 + (\vec{b}\cdot\vec{d})^2 + (\vec{c}\cdot\vec{d})^2$ が一定の値 k をとるとする．ただし，$\vec{s}\cdot\vec{t}$ はベクトル $\vec{s}, \vec{t}$ の内積を表す．このとき次の(1), (2), (3)に答えよ．

(1) k を求めよ．

(2) $\vec{a}, \vec{b}, \vec{c}$ は互いに直交することを示せ．

(3) $\vec{p} = \vec{a} + 2\vec{b} + 3\vec{c}$ のとき，$(\vec{a}\cdot\vec{p})^2 + (\vec{b}\cdot\vec{p})^2 + (\vec{c}\cdot\vec{p})^2$ の値を求めよ．

〔86年九州大学・共通〕

☞ CHECK!10

どのような自然数 n に対しても $\sum_{k=1}^{n}(ak^2 + bk + 1)$ が常に n で割り切れるような整数 a, b の組 (a, b) は $0 < a \leq 6m$ かつ $0 < b \leq 6m$（ただし m は自然数）の範囲に全体で何組あるか．その個数を m で表せ．

〔94年大阪大学・共通・前期〕

Theme1-8 【無限大も特別な値の候補の1つ】

=====【例題】=====

どのような実数 x に対しても，不等式
$$|x^3+ax^2+bx+c| \leqq |x^3|$$
が成り立つように，実数 a, b, c を定めよ。

〔95年大阪大学・共通・前期〕

お次は阪大の問題から。これは標準的な問題なんですけど，

「グラフをイメージして大雑把に答だけ追いかける」

って姿勢がないと結構な難問に見える。どうやら数学が苦手な人は「字面だけ」でモノゴトを処理しようとしているんですね。

数学は物理や化学とは違って，特に緻密さを強調される科目だから勘違いされやすいんですけど，**ある程度のイメージを持ってぼんやり答の見当をつけるのはとても有効な手段です。**

本問ならば，

「$y=|x^3|$ と $y=|x^3+ax^2+bx+c|$ のグラフを比較して，
前者の方が後者よりも(境界も含めて)常に上側にありなさいよ」

ということで，$a=b=c=0$ なら「常に一致する」という状況で題意が満たされるのは自明の理。そして，

**「a, b, c のどれか1つでも0からズレてたら
無理ちゃうの？」**

という感覚を持てるようになって欲しい(右図参照)。
これを目指して解答を完成させるのが数学が得意な人
の頭の中なワケです。

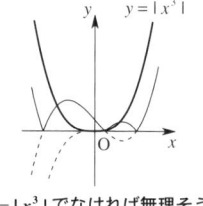

前問を扱った直後ですから，恐らく

「必要性から攻めて $x=0$ を代入しようかな？」

は思いつくかと。すると，不等式は

$|x^3+ax^2+bx| \leqq |x^3|$ (for $^\forall x \in R$)　(←すべての実数 x に対してという意味)

となり，$x \neq 0$ のときに限って辺々 $|x|(>0)$ で割れます．
$$\therefore\ |x^2 + ax + b| \leqq |x^2|\ (x \neq 0\text{ なるすべての実数})$$

引き続き「$x = 0$ を代入して」としたくなるところですけど，残念ながら上の式は「$x \neq 0$ なるすべての実数で成り立つ」としているからそれは非合法．「整式の連続性から上式は結局 $x = 0$ でも成り立つことになり」と補足して
$$\therefore\ |x^2 + ax + b| \leqq |x^2|\ (\mathbf{for}\,^\forall x \in R)$$
とすると論理的に問題ないんですけど，やっぱり気持ち悪い．

冷静になって眺めてみると，

「左辺・右辺ともに x の 3 次式で次数が揃っている」

からこそ何度も x で割る必然が発生しています．

そこで，これを解消するべく「$x = \dfrac{1}{t}$ なる置換を施す」テクニックを新しく身につけてください．この置換は必然に薄いものですし，使いどころも限られているため，〈鉄則〉ってほどではありませんが，三大学入試ではちょこちょこ使えたりします．

$x \neq 0$ のときにこの置換を施すと，
$$|x^3 + ax^2 + bx + c| \leqq |x^3|\ (x \neq 0)$$
$$\Leftrightarrow \left|\frac{1}{t^3} + \frac{a}{t^2} + \frac{b}{t} + c\right| \leqq \left|\frac{1}{t^3}\right|\ (t \neq 0)$$
$$\Leftrightarrow |ct^3 + bt^2 + at + 1| \leqq 1\ (t \neq 0)\quad (\leftarrow |t^3|(>0)\text{ を辺々かけた})$$

となって，問題文は

> 問 0 以外の任意の実数 t に対して，不等式
> $$|ct^3 + bt^2 + at + 1| \leqq 1$$
> が成り立つような実数の定数 a, b, c を定めよ．

とほぼ同等であると言い換えることができます．

もう大丈夫でしょう．散々描き慣れたグラフを思い浮かべれば，a, b, c のうち 1 つでも 0 でないものがあれば，

$$\lim_{t \to \infty} |ct^3 + bt^2 + at + 1| = \infty$$

となってしまって，1を上回ってしまいますね。すなわち，

〈鉄則〉－特別な値の候補－

「必要から十分へ」を用いる際や関数方程式の問題などで，特別な値を代入するときは，$x = 0$ or ± 1 などのような絶対値が小さいものはもちろんのこと，「$x \to \pm\infty$ **もその候補である**」ことを忘れてはいけない。

と言えるんですね。

● 解 答 ●

題意から，

「$x \neq 0$ なるすべての実数 x に対して不等式

$$|x^3 + ax^2 + bx + c| \leq |x^3| \quad \cdots\cdots ①$$

が成り立つ」

ことが必要である。

このとき $x = \dfrac{1}{t}$ (t は 0 以外の実数)と置換することができて，すると，

$$① \Leftrightarrow \left|\dfrac{1}{t^3} + \dfrac{a}{t^2} + \dfrac{b}{t} + c\right| \leq \left|\dfrac{1}{t^3}\right|$$

$$\Leftrightarrow |ct^3 + bt^2 + at + 1| \leq 1 \quad [\because |t^3| > 0]$$

であるから，題意は結局，

「$t \neq 0$ なるすべての実数 t に対して不等式

$$|ct^3 + bt^2 + at + 1| \leq 1$$

が成り立つ」

ような a, b, c を求めることに帰着される。

ここで，a, b, c のうち少なくとも1つは0でないとすると，十分大きな t に対して，

$$|ct^3 + bt^2 + at + 1| > 1$$

となってしまうから $a = b = c = 0$ であることが必要。

逆にこのとき，不等式①は $|x^3| \leq |x^3|$ となって，確かに任意の実数 x で成り立つから十分でもある。

$$\therefore \ a = b = c = 0 \quad \blacksquare$$

◆ コメント ◆

　$x = \dfrac{1}{t}$ の置換の部分がやはり思いつきづらいと思います。必然性も薄いですし，僕も自分でどうしてこれが思いついたのか上手に説明することはできません。ふとした瞬間に思いつきました。

　ただ，感覚としては，「$x = 0$ 近傍の話をするのはイメージが沸きづらいから，もっと大きな視野でのお話にしたいなぁ」という要求が背後にあります。君達もこういった

　　　　　　　　「何気ない感覚から次の一手を考える」

ことを大切にしてみてください。こういった普段の取り組みの姿勢が，発想力豊かな数学力を築くための礎となりますよ。

　　　　　　　　　　＊　　　　　　　＊　　　　　　　＊

　"無限大 ∞" を特別な値の候補として考える問題は類題が少なく，そのためなかなか受験生の中に定着しません。実際に問題としても難問になりがちで，できなくてもそれほど気にしなくてもよいものの，入試数学を掌握するためには是非ともマスターしてもらいたい発想と言えます。この本を読んでいる君達は，意識して

　　　　　　　　「無限大だとどうなるのかな？」

と疑う習慣をつけるようにしましょう。

　因みに，この類題は☞**CHECK!**で紹介するには難しすぎるため，ここでは出し惜しみをしておくことにします。各論編の例題にこの発想を用いる問題をいくつか紛れ込ませてありますから，そのときに自力で思いつくように心の片隅に留めておいてくださいね。

　また，本問には無限大を考えずに解く方法が他にもいくつかあるため，

　　　　　「なんでこんなところで仰々しく無限大とか使うんよ？」

と感じた人もいるかもしれません。それはそれで正しい感覚です。というか君の方が正しい(笑)。でも，各論で紹介する超ムズカシイ"無限大導入問題"の前に一度はこの発想を経験させておきたかったため，ちょっと特殊なこの解法をここで紹介しておいたワケです。

Theme1-9 【恒等式は辺々微分しても恒等式】

=============【例題】=============

連続関数 $f(x)$ が，負でないすべての実数 x について
$$x + \int_0^x f(t)dt = \int_0^x (x-t)f(t)dt$$
を満たす。この関数 $f(x)$ を求めよ。

〔70年大阪大学・理系〕

　前置きがかなり長くなっちゃうんですけど，すべて大切な内容なので我慢して読んでください。本問はいわゆる"積分方程式"と呼ばれる問題です。"積分方程式"は，"関数方程式"と呼ばれるもののうちの1つなので，まずはこれについての〈鉄則〉を確認しておきましょうか。

〈鉄則〉－関数方程式の扱い－

　関数の形に関する条件式が与えられている問題を"関数方程式"の問題といい，与えられている等式は「**変数については恒等式である**」ことに注意する。そして，代表的な解法は次の通り。

① $f(x)$ が整式とあるときのみ，次数決定に持ち込む。つまり，
$$f(x) = a_n x^n + a_{n-1} x^{n-1} + \cdots + a_0 \ (a_n \neq 0)$$
として次数 n を決定する。

② **微分可能性が保証されているときのみ**両辺 x で微分し，新たな条件式を引き出す。

③ 証明問題のときは，「与えられた条件式は任意の x で成り立つ」というように解釈して，特別な値を代入して示すべき式の形を作り出していく。

　となります。"関数方程式"というネーミングから誤解を招きやすいんですけど，「**関数の形に制限がかかっているから"関数方程式"と呼ぶものの，変数に関しては恒等式である**」というのは絶対に外さないようにしてくださ

い。すなわちこれも全称系の問題と言えるんですね。

因みに，①の次数決定の問題は

> [問]　多項式 $f(x)$ で，等式
> $$f(x)f'(x)+\int_1^x f(t)dt = \frac{4}{9}x - \frac{4}{9}$$
> を満たしているものをすべて求めよ。ただし，$f'(x)$ は $f(x)$ の導関数を表す。
>
> 〔76年京都大学・共通〕

が挙げられ(答は $f(x)=\frac{4}{9}$ or $-\frac{1}{6}x^2+x-\frac{5}{6}$ or $-\frac{1}{6}x^2\pm\frac{1}{3}x+\frac{1}{2}$ で，計算は結構面倒かも)，③の証明問題には

> [問]　平面ベクトル $\vec{x}$ に対して実数 $f(\vec{x})$ を対応させる写像 $f(\vec{x})$ が次の性質(∗)を持っている。
>
> （∗）　任意の平面ベクトル $\vec{a},\vec{b}$ に対して，
> $$f(\vec{a}+\vec{b})=f(\vec{a})+f(\vec{b})$$
> が成り立つ。
>
> このとき，任意の平面ベクトル $\vec{x}$ に対して，
> $$f\left(\frac{1}{3}\vec{x}\right)=\frac{1}{3}f(\vec{x})$$
> が成り立つことを証明せよ。
>
> 〔04年京都大学・理系・後期〕

などが挙げられます($\vec{a}=\frac{2}{3}\vec{x},\vec{b}=\frac{1}{3}\vec{x}$ などとしていけばスグに証明可能)。この程度の基本問題はみんな大丈夫ですよね？

前置きが長くなりましたが，ようやく例題に話を移します。まずは"積分方程式"の〈**鉄則**〉を紹介しておきましょう。問題集や参考書によっては"定積分で表された関数の問題"と呼ばれたりもします。

> **〈鉄則〉－積分方程式の扱い－**
>
> "関数方程式"の中で，積分記号を含んでいるものを特に"積分方程式"と呼ぶが，まず「**積分変数は一体何か？**」ということをはっきりさせることが大切。その上で，
>
> ① "関数方程式"と同様な方針に従う。
> ② $\int_a^b f(t)dt$ (a, b は定数) は定数であり，"$= k$"とおける。
> ③ $\int_a^b f(x, t)dt$ は最終的に x の関数であるが，積分変数は t なので，**積分実行段階では x は定数扱い**。まずは $\int$ 記号の中の x を追い出すことを考える。
> ④ $F(x) = \int_a^x f(t)dt$ は x の関数であり，
> $$F(x) = \int_a^x f(t)dt \Leftrightarrow \lceil F'(x) = f(x) \text{ かつ } F(a) = 0 \rfloor$$
> などの方針をおさえておく。

が重要で，本問では③と④が関わってきます。

まずは右辺の $\int_0^x (x-t)f(t)dt$ を x で微分する際，

$$\frac{d}{dx}\left(\int_0^x (x-t)f(t)dt\right) = (x-x)f(x) = 0 \quad (?)$$

とは**ならない**ことに注意してください。正しくは，

「**積分変数 t とは無関係な変数 x を一旦 $\int$ 記号の外に追い出す**」

のが第一歩で，

$$\int_0^x (x-t)f(t)dt = x\int_0^x f(t)dt - \int_0^x tf(t)dt$$

としてから x で微分します。みんな大丈夫ですよね？

これさえ注意しておけば，あとはきっと一本道です。ただし，問題文で「$x \geq 0$ において」と指定があるため，厳密さを追求するために次の解答では辺々微分するのも $x > 0$ に限ったりと面倒な議論を展開しています。この辺りにこだわるとかなり回りくどい解答となるため，受験生のレベルであればあまり気にせずともよいのではないでしょうか。

解 答

与えられた等式に関して,
$$x + \int_0^x f(t)dt = \int_0^x (x-t)f(t)dt \quad \cdots (*)$$
$$\Leftrightarrow x + \int_0^x f(t)dt = x\int_0^x f(t)dt - \int_0^x tf(t)dt$$

であり, これが $x \geq 0$ の全実数で成り立つから, $x > 0$ において両辺 x で微分して,
$$1 + f(x) = \int_0^x f(t)dt + xf(x) - xf(x)$$
$$\therefore\ 1 + f(x) = \int_0^x f(t)dt \quad (x > 0) \quad \cdots ①$$

また, 関数 $f(x)$ の連続性を考えると,
$$f(0) = \lim_{x \to +0} f(x) = \lim_{x \to +0}\left(\int_0^x f(t)dt - 1\right) = -1 \quad \cdots ②$$

①の右辺が微分可能であるから左辺 $1 + f(x)$ の微分可能性も保証され, 再び辺々 x で微分することができて,
$$f'(x) = f(x) \quad (x > 0) \quad \cdots ③$$

さて, ここで $f(x)$ が $x > 0$ で恒等的に0である関数であるとすると, ①において
$$1 = 0\ (x > 0\text{で恒等式に成り立つ})$$
となるがこれは不合理。したがって, $f(x)$ は恒等的に0である関数ではない。

よって, $y = f(x)$ と書くことにして③式を変形すると, $x > 0$ で
$$\frac{dy}{dx} = y$$
$$\therefore\ \int \frac{1}{y}dy = \int dx$$
$$\therefore\ \log|y| = x + C\ (C\text{は積分定数})$$
$$\therefore\ f(x) = y = De^x\ (D\text{は}D = \pm e^C\text{とおいた定数})$$

次に, $f(x)$ の連続性から $\lim_{x \to +0} f(x) = f(0)$ なので, ②と合わせて $D = -1$。
$$\therefore\ f(x) = -e^x\ (x \geq 0)$$

逆にこのとき,
$$((*)\text{の左辺}) = x + \int_0^x (-e^t)dt = x - \left[e^t\right]_0^x = x - e^x + 1$$
$$((*)\text{の右辺}) = \int_0^x (x-t)(-e^t)dt = -x\int_0^x e^t dt + \int_0^x te^t dt$$
$$= -x\left[e^t\right]_0^x + \left[te^t\right]_0^x - \int_0^x e^t dt = -x\left[e^t\right]_0^x + \left[te^t\right]_0^x - \left[e^t\right]_0^x$$
$$= x - e^x + 1$$

であるから確かに(*)は成り立ち十分でもある。

したがって, 求める関数 $f(x)$ は
$$\therefore\ f(x) = -e^x\ (x \geq 0) \quad \blacksquare$$

━━━━━━━━━━━━━ ◆ コメント ◆ ━━━━━━━━━━━━━

　解答の途中で微分方程式を解く場面があるため，基本的な内容を補足しておきましょう。京都大学以外では"微分方程式"は範囲外とされていますが，それほど難しいことではありませんから，次のことだけは是非ともおさえておいてください。微分方程式は物理でも役に立ったりしますからね。

〈鉄則〉－微分方程式"変数分離形"の解法－

　微分方程式は「文字 x と文字 y を左辺と右辺に完全に分離する」のが基本。そして $f(x)dx = g(y)dy$ の形にし，両辺に $\int$ 記号をつけて

$$\int f(x)dx = \int g(y)dy$$

を計算する。

　いくつか注意事項があり，

① 微分方程式を解く際に限って，文字 y が分母にくるような式変形も場合分けせずとも許容される。厳密に言うと，y が恒等的に 0 となるようなときのみ場合分けの必然性が生じる。

② 不定積分を計算する際に決して積分定数 C を忘れない。

は心に留めておく。

　入試数学の微分方程式では，この"変数分離形"さえ知っておけば困ることはないと思います。

　ところで，こういった積分方程式以外で「辺々微分する」ような問題を君はスグに思い浮かべることができるでしょうか？

　答は"整式の割り算"の問題で，

問 整式 $f(x)$ を $(x-a)^2$ で割ったときの余りを a, $f(a)$, $f'(a)$ を用いて表せ。

などの問題は教科書にも載っていますね？

> 〈鉄則〉－整式の割り算－
>
>   整式の割り算は，
> ① 割り算の公式を立てて題意を数式化する。
> $$A(x) = P(x)Q(x) + R(x)$$
>   （ただし，余り $R(x)$ は割る整式 $P(x)$ よりも低次）
> ② 剰余定理・因数定理を利用する。
>
> などに従う。

に倣い，
$$f(x) = (x-a)^2 g(x) + px + q \quad (g(x)は整式で\ p,\ q\ は定数)$$
とした式は x についての恒等式だからこそ辺々 x で微分して
$$f'(x) = 2(x-a)g(x) + (x-a)^2 g'(x) + p$$
とすることが許されるワケです（結果の余りは $f'(a)x + f(a) - af'(a)$ ）。

 実は「**与えられた等式が"恒等式"であるのか"方程式"であるのかをしっかりと区別する**」のは結構重要なことで，これをゴチャゴチャにしていると意味不明な答案を書いてしまいがちです。

「いままでそんなの意識してなかったよ」

という人はこれから少しばかり注意を払ってみてください。きっと，地味に理解の手助けになるでしょうから。

＊　　　　＊　　　　＊

 次に紹介している2つの問題のうち，☞**CHECK!11**の方は本問のテーマに関連していますが，☞**CHECK!12**の方は辺々微分するわけではありません。"積分方程式"の〈鉄則〉のうち，

 ② $\int_a^b f(t)dt$ （a, b は定数）は定数であり，"$= k$"とおける。

の経験をしてもらおうと思って掲載することにしました。ただし，関数列 $\{f_n(x)\}$ を扱うため，単純に"$= k$"とするだけでは苦しいんですけど……

☞ *CHECK!11*

(1) 関数 $f(x)$ はすべての実数で定義されていて，連続な第2次導関数 $f''(x)$ をもつとする。このとき，
$$\int_0^x \{f(t)+f''(t)\}\sin t\,dt = f(0)-f(x)\cos x + f'(x)\sin x$$
が成り立つことを示せ。

(2) 不定積分 $\int xe^x \sin x\,dx$ を求めよ。

〔06年京都府立医科大学・前期〕

☞ *CHECK!12*

関数 $f_n(x)$ $(n=1, 2, 3, \cdots)$ は，$f_1(x)=4x^2+1$
$$f_n(x) = \int_0^1 \{3x^2 t f_{n-1}'(t) + 3f_{n-1}(t)\}dt \quad (n=2, 3, 4, \cdots)$$
で，帰納的に定義されている。この $f_n(x)$ を求めよ。

〔98年京都大学・理系・後期〕

Theme1-10 【離散変数でも連続関数をワンクッションにはさんで！】

=== 【例題】 ===

n を正の整数，a を実数とする。すべての整数 m に対して
$$m^2 - (a-1)m + \frac{n^2}{2n+1}a > 0$$
が成り立つような a の範囲を n を用いて表せ。

〔97年東京大学・理系・前期〕

僕にとっては想い出深い問題。まだまだ青二才だった僕の東大受験本番で悲劇を生んだ元凶の問題でした。当時，「オレは数学できるぜぃ！」などとカンチガイしていた僕は(笑)，「絶対に理Ⅲ本番では5完する！」と意気込んでいたんですね。そして迎えた数学の時間，第1問の標準問題を25分フルに使って丁寧に完答し，勢いに乗ったところで第2問の本問に遭遇しました。

問題文を一読しての感想は

「はぁ？　ナニコレ？　文字ばっかで意味不明やし」

でしたが，当時まだまだ受験のアマチュアだった僕は

「これを完答すれば絶対に理Ⅲ受験でもアドバンテージや！」

と欲をかき，明らかに難問臭のする本問に無謀にも立ち向かっていったんですね(後回しにすればイイのに！)。

さて，真正面から闘うことに決めた僕は

「こういうときはきちんと把握することが大事や！」

とゆっくり時間をかけて構造を把握することに尽力しました。

問題文を何度も読み直して，ようやく

① 文字 n は答に使える定数で，$\frac{n^2}{2n+1}$ はうまく話が進むように東大側が調節してくれたであろうもの。

② 全称変数は文字 m だが，離散的な整数変数に注意。

③ 文字定数として見るべきは a で，a については1次式。

などの状況をしっかり把握しました。因みにこの把握だけで確か7～8分くら

い使ったような記憶があります(無目的に式をいじるよりは状況把握に時間を使った方が有意義)。

そして，簡単な類題を思い浮かべると

> 問　すべての実数 x に対して，不等式
> $$x^2 - bx + b > 0$$
> が成り立つような実数の定数 b の範囲を求めよ。

と同様の構造をもっているため(答は $0 < b < 4$)，焦点を当てるべき文字は a, m と分かり，次の課題は

> 〈鉄則〉－文字定数の分離－
>
> 　文字定数 a が含まれている"方程式の解の配置問題"や"不等式の証明"では，
> ① 文字定数 a を分離せずに左辺を丸ごと $f(x)$ とおく。
> ② 変数の1次以下にしか文字定数が含まれておらず，定数 a が1次のときに限り，文字定数 a をある程度分離する。
> ③ 文字定数を完全に分離する。ただし，**不等式の問題の際に文字で辺々割るときは，その文字の正，0，負に十分注意する。**
> の3つの方法をおさえておく。

のいずれを選ぶのかになります。

　整数変数 m ということもあって状況が多少込み入っているため，僕が選んだのは

　　　　③　文字定数を完全に分離する。

方針で，少々微分する関数が汚い形になっても論理を明快にする方を優先したのでした。当然，**「整数変数だけど分数関数を微分すれば極値となる m が整数値になるのだろう」**とアタリもつけていました。

$$m^2 - (a-1)m + \frac{n^2}{2n+1}a > 0$$

$$\Leftrightarrow m^2 + m > \left(m - \frac{n^2}{2n+1}\right)a$$

$$\Leftrightarrow \begin{cases} a < \dfrac{m^2+m}{m-\dfrac{n^2}{2n+1}} & \left(m > \dfrac{n^2}{2n+1}\right) \\ a \text{ は任意} & \left(m = \dfrac{n^2}{2n+1}\right) \\ a > \dfrac{m^2+m}{m-\dfrac{n^2}{2n+1}} & \left(m < \dfrac{n^2}{2n+1}\right) \end{cases}$$

ですから，連続関数 $f(x) = \dfrac{x^2+x}{x-\dfrac{n^2}{2n+1}}$ のグラフを描けば大まかな状況はつか

めます。そして，連続的なグラフの整数値の部分を拾って，a の範囲を考えればよいワケですね。これを答案にすると解答のようになります。

因みに，先程の〈鉄則〉に挙げた方針のうち

  ② 文字定数をある程度分離する。

でも解答可能です。世に出回っている参考書では，その解法が模範解答として掲載されていることが多いようなので，一応別解に紹介しておきます。僕としては"偶然の産物"のイメージが拭えないため，あまり好きな解法ではないんですけどね(笑)。

● 解　答 ●

まず，n が自然数を動くとき，$\dfrac{n^2}{2n+1}$ が整数値となるかどうか考察する。

$$\frac{n^2}{2n+1} = \frac{1}{2}n - \frac{1}{4} + \frac{1}{4(2n+1)}$$

であり，これを4倍したもの $2n-1 + \dfrac{1}{2n+1}$ ですら整数値とはなりえない。したがって，

  $\dfrac{n^2}{2n+1}$ は整数値にはなりえない

ことが保証される。つまり $m - \dfrac{n^2}{2n+1} = 0$ となることはない。(←先に確認すると後がラク)

このもとで，$m - \dfrac{n^2}{2n+1}$ の正負に注意して与えられた不等式を変形すると，

$$m^2 - (a-1)m + \frac{n^2}{2n+1}a > 0$$

$$\Leftrightarrow m^2 + m > \left(m - \frac{n^2}{2n+1}\right)a$$

$$\Leftrightarrow \begin{cases} a < \dfrac{m^2 + m}{m - \dfrac{n^2}{2n+1}} & \left(m > \dfrac{n^2}{2n+1}\right) \\ a > \dfrac{m^2 + m}{m - \dfrac{n^2}{2n+1}} & \left(m < \dfrac{n^2}{2n+1}\right) \end{cases}$$

のようになるから，

「$m > \dfrac{n^2}{2n+1}$ なる整数値 m では常に $a < \dfrac{m^2+m}{m - \dfrac{n^2}{2n+1}}$ が成り立ち，

$m < \dfrac{n^2}{2n+1}$ なる整数値 m では常に $a > \dfrac{m^2+m}{m - \dfrac{n^2}{2n+1}}$ が成り立つ」 $\cdots\cdots(*)$

ような a の範囲を求めればよい。

さて，連続関数 $f(x) = \dfrac{x^2 + x}{x - \dfrac{n^2}{2n+1}}$ を微分すると，(←離散変数の微分はできないので念のため)

$$f'(x) = \frac{(2x+1)\left(x - \dfrac{n^2}{2n+1}\right) - (x^2 + x)}{\left(x - \dfrac{n^2}{2n+1}\right)^2}$$

$$= \frac{x^2 - \dfrac{2n^2}{2n+1}x - \dfrac{n^2}{2n+1}}{\left(x - \dfrac{n^2}{2n+1}\right)^2}$$

$$= \frac{(x - n)\left(x + \dfrac{n}{2n+1}\right)}{\left(x - \dfrac{n^2}{2n+1}\right)^2}$$

$\left(\ x^2 - \dfrac{2n^2}{2n+1}x - \dfrac{n^2}{2n+1} = 0\ \text{とした2次方程式を解の公式で解くと，}\right.$

$$x = \frac{\dfrac{2n^2}{2n+1} \pm \sqrt{\left(\dfrac{2n^2}{2n+1}\right)^2 + 4 \cdot \dfrac{n^2}{2n+1}}}{2} = \frac{\dfrac{2n^2}{2n+1} \pm \sqrt{\dfrac{4n^4 + 8n^3 + 4n^2}{(2n+1)^2}}}{2}$$

$$= \frac{\dfrac{2n^2}{2n+1} \pm \dfrac{2n^2 + 2n}{2n+1}}{2} = n \text{ or } -\frac{n}{2n+1} \left.\vphantom{\int}\right)$$

したがって，$-1 < -\dfrac{n}{2n+1} < 0$ も考慮して $f(x)$ の増減表と $y = f(x)$ のグラフを描くと次のようになる．

x	$\cdots$	$-\dfrac{n}{2n+1}$	$\cdots$	$\dfrac{n^2}{2n+1}$	$\cdots$	n	$\cdots$
$f'(x)$	$+$	0	$-$	$\times$	$-$	0	$+$
$f(x)$	$\nearrow$		$\searrow$	$\times$	$\searrow$	$2n+1$	$\nearrow$

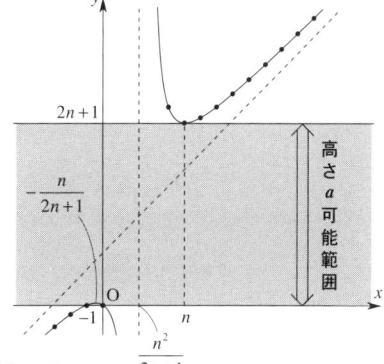

よって，上のグラフから，($*$)が成り立つ a の範囲は，

$$\therefore \ 0 < a < 2n+1 \ \blacksquare$$

──── ● 別　解 ● ────

$$m^2 - (a-1)m + \dfrac{n^2}{2n+1}a > 0$$
$$\Leftrightarrow \ m^2 + m > a\left(m - \dfrac{n^2}{2n+1}\right) \quad \cdots (\star)$$

であり，以下，放物線 $y = x^2 + x$ と直線 $y = a\left(x - \dfrac{n^2}{2n+1}\right)$ との兼ね合いを考える．また，この直線は「定点 $(\dfrac{n^2}{2n+1}, 0)$ を通る傾き a の直線」であることに留意しておく．

さて，$y = x^2 + x$ の $(t, t^2 + t)$ における接線の方程式は，$y' = 2x + 1$ より，

$$y = (2t+1)(x - t) + t^2 + t$$

であり，これが点 $(\dfrac{n^2}{2n+1}, 0)$ を通るのは，

$$0 = (2t+1)\left(\dfrac{n^2}{2n+1} - t\right) + t^2 + t$$
$$\Leftrightarrow \ t^2 - \dfrac{2n^2}{2n+1}t - \dfrac{n^2}{2n+1} = 0$$
$$\Leftrightarrow \ t = n \ \text{or} \ -\dfrac{n}{2n+1}$$

のときである．

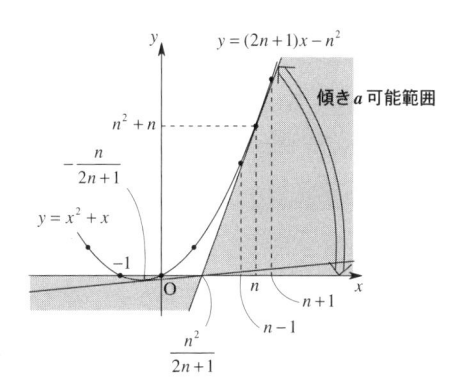

したがって，x が整数値 m をとりながら変化するとき，すべての整数値 m に対して不等式($\star$)が成り立つような傾き a の範囲は，

$$\therefore \ 0 < a < 2n+1 \ \blacksquare$$

◆ コメント ◆

　どうでもいいことですけど，どうしてこの問題が僕の悲劇を生んだのかのお話をしておきましょうか。

　実は僕，$f(x) = \dfrac{x^2 + x}{x - \dfrac{n^2}{2n+1}}$ の微分で1度計算ミスをしてしまったんですね。

「なんだかオカシイ」と計算を見直し，ミスを修正するものの大幅に時間をロスして焦る。そんな浮き足だった状態で，さらに

　　　　「どうせ極値候補の x は整数値になるんでしょ？」

と決めつけてかかっていた僕には，$x = n$ or $-\dfrac{n}{2n+1}$ の $-\dfrac{n}{2n+1}$ がどうしても整数にならないことにパニック！　仕方なく諦めて次の問題に移ったものの，妙に数学に対して自信過剰だった僕はその後も冷静さを失い，解けるはずの問題でも勘違いと方針ミスを連発して，終わったときには部分点をかき集めても半分強(65/120 くらい)の出来だったんですね(笑)。大手予備校の模試ではいつも 100/120 くらいだったのに，本番が最低の出来でした。

　ウ〜ン，いま思い出してもよく受かったなぁと思います。きっと最後の科目である英語まで諦めることはしなかったからでしょう。僕の数学の恩師が
「イイかい？　理Ⅲはね，『3完半からどれだけ完答数を伸ばせるか？』って言われてるけどね，3完でも十分理Ⅲに受かる年もあるんだ！　だから絶対に最後まで諦めちゃダメだゼ！」と，授業中におっしゃっておられたのも僕の運命を左右した大きな要因だったと思います。

　実際に，東大の数学は年度によって本当に凶悪な難易度で(個人的には98年，04年，09年は強烈だと思う)，65/120 程度あれば他教科次第で十分理Ⅲにも合格可能なときもあります。ですから君達も，

　　　　　　絶対に最後の科目まで諦めずに頑張る！！

ようにしてください(実際に僕は普段苦手な英語で 105/120 くらいとれた)。

　　　　　　＊　　　　　　　＊　　　　　　　＊

　ちょっと話が逸れ過ぎてしまいましたから，話を戻すことにしましょうか。本問のテーマ「離散変数でも連続関数をワンクッションにはさんで！」は，"離散変数の最大・最小"でも重要な眺め方となります。

> 〈鉄則〉－離散変数の最大・最小－
> 　離散変数(整数変数)関数 $f(n)$ の最大・最小問題は，
> ①　$n \mapsto x \in R$ のように連続変数 x を考え，$f(x)$ の大体の挙動を追う。
> ②　階差 $f(n+1) - f(n)$ の正負に着目する。
> のいずれかに従うのが基本であるが，$f(n)$ が常に正という保証があるならば，
> ③　$\dfrac{f(n+1)}{f(n)}$ と1との大小関係に着目する(反復試行の確率 P_n など)。
> というのが利口な手段。

全称系ではないものの，

　　　①　連続変数 x を考え，$f(x)$ の大体の挙動を追う。

の眺め方を身につけてもらうためにも下の問題を解いておきましょう。残りの2つである

　　　②　階差 $f(n+1) - f(n)$ の正負に着目する。
　　　③　$\dfrac{f(n+1)}{f(n)}$ と1との大小関係に着目する。

に関してはいずれまた機を改めて紹介することにします。

☞ CHECK!13

　N を正の整数とする。N の正の約数 n に対し $f(n) = n + \dfrac{N}{n}$ とおく。このとき，次の各 N に対して $f(n)$ の最小値を求めよ。

(1)　$N = 2^k$，ただし k は正の整数

(2)　$N = 7!$

〔95年東京大学・理系・前期〕

Theme1-11 【全称系解法の例外】

=【例題】=

自然数 n に対して，x^n を x^2+ax+b で割った余りを $r_n x + s_n$ とする。次の2条件(イ)，(ロ)を考える。

(イ)　$x^2+ax+b = (x-\alpha)(x-\beta),\ \alpha > \beta > 0$ と表せる。

(ロ)　すべての自然数 n に対して $r_n < r_{n+1}$ が成り立つ。

(1) (イ)，(ロ)が満たされるとき，すべての自然数 n に対して $\beta - 1 < \left(\dfrac{\alpha}{\beta}\right)^n (\alpha - 1)$ が成り立つことを示せ。

(2) 実数 a, b がどのような範囲にあるとき(イ)，(ロ)が満たされるか。必要十分条件を求め，点 (a, b) の存在する範囲を図示せよ。

〔95年京都大学・共通・後期〕

本テーマの最後の問題はちょっと注意を喚起しておこうと思っての選出。

問題文からも見てとれるように，(1)は"nについての全称証明"ですよね？でも，

〈鉄則〉－整式の割り算－

整式の割り算は，

① 割り算の公式を立てて題意を数式化する。

$$A(x) = P(x)Q(x) + R(x)$$

（ただし，余り $R(x)$ は割る整式 $P(x)$ よりも低次）

② 剰余定理・因数定理を利用する。

などに従う。

に従って素直に状況を立式していくと，全称証明の〈鉄則〉で紹介した5つの方針どれも使わずに(1)は証明が完了してしまうんですね(笑)。

(1)は条件(ロ)を α, β を用いて言い換えるだけの問題のため，仰々しく「全

Theme1 全称命題の扱い　79

称証明だぜぃ！」などと構えなくてもよいワケです。こういった例外となる問題も稀にあることを知っておくようにしましょう。

さて，実は本問の山場は(2)で，問題の構造や出題者の意図をきちんと理解しておかなければ頭の中がこんがらがってしまいます。登場する文字の数が多いために混乱しがちなんですね。状況を整理するためにも問題の成り立ちの部分に考察を加えていくことにします。

まずは次の問を見てください。

> **問**　自然数nに対して，x^n を x^2+ax+b で割った余りを $r_n x + s_n$ とする。次の2条件(イ)′，(ロ)′を考える。
> 　(イ)′　$x^2+ax+b=0$ は異なる2つの正の実数解を持つ。
> 　(ロ)′　すべての自然数nに対して $r_n < r_{n+1}$ が成り立つ。
> 　実数a, bがどのような範囲にあるとき(イ)′，(ロ)′が満たされるか。必要十分条件を求め，点(a, b)の存在する範囲を図示せよ。

例題の(1)を削除して少し言い換えただけで，全く同じ問題です。文字α, βを登場させずに表現してあるものの，しっかり問題として成り立ちます。

ではなぜ京大の先生はα, βを登場させたのでしょう？　受験生をパニックに陥れるため？　いやいや違います。

　　　　　「(1)の誘導をつけて解きやすくしてあげよう！」
の意図があります。

大元となる上記の問の構造は次のようです。

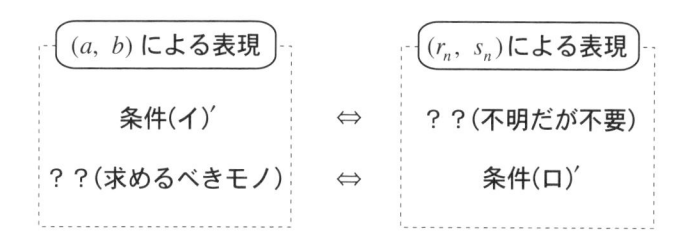

(a, b) による表現		(r_n, s_n) による表現
条件(イ)′	⇔	？？(不明だが不要)
？？(求めるべきモノ)	⇔	条件(ロ)′

これではあまりに難しいため，

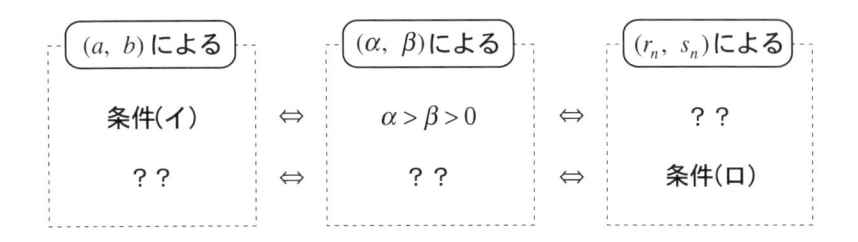

```
┌─────────────┐     ┌─────────────┐     ┌─────────────┐
│ (a, b)による │     │ (α, β)による │     │(r_n, s_n)による│
│             │     │             │     │             │
│  条件(イ)   │ ⇔  │  α > β > 0  │ ⇔  │    ？？     │
│             │     │             │     │             │
│    ？？     │ ⇔  │    ？？     │ ⇔  │  条件(ロ)   │
└─────────────┘     └─────────────┘     └─────────────┘
```

のように (a, b) と (r_n, s_n) の間に (α, β) を介在させてヒントを与えてくれているワケです．

一方で，(1)の結果

$$\beta - 1 < \left(\frac{\alpha}{\beta}\right)^n (\alpha - 1) \ (\text{for}^\forall n \in N) \quad \cdots (*)$$

は何の文字に対する条件か君はきちんと理解できていますか？　例えば，

$$x^2 - kx + 1 > 0 \ (\text{for}^\forall x \in R)$$

は "k に対する条件" ですよね？　(*)も同じで，(α, β) にかかる制限であることを外してはなりません．

徐々に例題の構造がはっきりしてきました．第一に考えるべきは

「(α, β) のみで条件(*)を言い換えること」

です．これができれば，あとは単純な2次方程式の解の配置問題となります．

● 解　答 ●

(1) 題意と条件(イ)により，$P(x)$ を整式として

$$x^n = P(x)(x^2 + ax + b) + r_n x + s_n$$
$$= P(x)(x - \alpha)(x - \beta) + r_n x + s_n$$

とおける．この式に $x = \alpha, \beta$ を代入して，（←整式の割り算は x の恒等式）

$$r_n \alpha + s_n = \alpha^n \quad \cdots ①$$
$$r_n \beta + s_n = \beta^n \quad \cdots ②$$

① − ② より，

$$\therefore r_n = \frac{\alpha^n - \beta^n}{\alpha - \beta} \quad [\because \alpha - \beta \neq 0]$$

次に条件(ロ)から，

$$r_n < r_{n+1} \ (n=1,\ 2,\ 3,\ \cdots)$$
$$\Leftrightarrow \frac{\alpha^n - \beta^n}{\alpha - \beta} < \frac{\alpha^{n+1} - \beta^{n+1}}{\alpha - \beta} \ (n=1,\ 2,\ 3,\ \cdots)$$
$$\Leftrightarrow \beta^{n+1} - \beta^n < \alpha^{n+1} - \alpha^n \ (n=1,\ 2,\ 3,\ \cdots) \quad [\because \alpha - \beta > 0]$$
$$\Leftrightarrow \beta - 1 < \left(\frac{\alpha}{\beta}\right)^n (\alpha - 1) \ (n=1,\ 2,\ 3,\ \cdots) \quad [\because \beta^n > 0] \quad \cdots(\ast)$$

となるから，題意は示された．■

(2) 条件($\ast$)について，α, β と 1 との兼ね合いによって考察を加える．$0 < \beta < \alpha$ が成り立つ前提で以下の議論を進める．

　ⅰ) $0 < \beta < \alpha < 1$ のとき，$\alpha - 1 < 0$, $\dfrac{\alpha}{\beta} > 1$ であるから，
$$\lim_{n \to \infty} \left(\frac{\alpha}{\beta}\right)^n (\alpha - 1) = -\infty \quad (\leftarrow \infty \text{も特別の候補！})$$
だから，十分大きな N に対して
$$\beta - 1 \geqq \left(\frac{\alpha}{\beta}\right)^N (\alpha - 1)$$
となってしまい($\ast$)は満たされず不適．

　ⅱ) $\alpha = 1$, $0 < \beta < 1$ のとき，n によらず
$$(({\ast})\text{の左辺}) = \beta - 1 < 0$$
$$(({\ast})\text{の右辺}) = \left(\frac{\alpha}{\beta}\right)^n (\alpha - 1) = 0$$
となるため，($\ast$)は満たされ適する．

　ⅲ) $1 < \alpha$, $0 < \beta < \alpha$ のとき(β と 1 との大小は考慮しない)，$\alpha - 1 > 0$, $\dfrac{\alpha}{\beta} > 1$ により，
$$\alpha - 1 < \frac{\alpha}{\beta}(\alpha - 1) < \left(\frac{\alpha}{\beta}\right)^2 (\alpha - 1) < \left(\frac{\alpha}{\beta}\right)^3 (\alpha - 1) < \cdots < \left(\frac{\alpha}{\beta}\right)^n (\alpha - 1) < \cdots$$
であるから，$\beta - 1 < \alpha - 1$ も踏まえれば確かに($\ast$)は成り立つ．

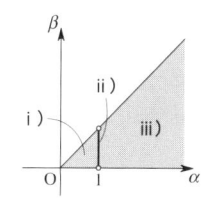

（↑2変数は領域をイメージ！）

以上の考察により，($\ast$)の必要十分条件は，
$$\alpha = 1,\ 0 < \beta < 1 \ \text{または} \ 1 < \alpha,\ 0 < \beta < \alpha$$
であり，これを言い換えると，2次方程式 $x^2 + ax + b = 0$ が

　　　$x = 1$ と 1 ではない正の実数解をもつ　　　　　　　　　　　$\cdots$(a)

　　　　　または

　　　$0 < x < 1$ と $1 < x$ に1つずつ実数解をもつ　　　　　　　　$\cdots$(b)

　　　　　または

　　　$1 < x$ に2つの異なる実数解をもつ　　　　　　　　　　　　$\cdots$(c)

となる．

つまり,

$$\text{「(イ)かつ(ロ)」} \Leftrightarrow \text{「(a)または(b)または(c)」}$$

だから，以下「(a)または(b)または(c)」を満たす (a, b) の存在領域を求めればよい．

$$f(x) = x^2 + ax + b$$

として,

[Ⅰ] $f(x) = 0$ が $x = 1$ と 1 ではない正の実数解をもつとき

$$f(1) = 0 \Leftrightarrow 1 + a + b = 0$$

$$\therefore b = -a - 1 \qquad \cdots ③$$

であり，これを $f(x)$ に代入すると,

$$f(x) = x^2 + ax - a - 1 = (x-1)(x+a+1) \quad (\leftarrow ③のとき因数(x-1)をもつのは必然)$$

のように因数分解されるから，$x = 1$ ではない解 $x = -a - 1$ について,

$$0 < -a - 1 < 1 \text{ or } 1 < -a - 1$$

$$\Leftrightarrow a < -2 \text{ or } -2 < a < -1 \qquad \cdots ④$$

でなければならず，③，④より,

$$\therefore b = -a - 1 \ (a < -2 \text{ or } -2 < a < -1) \qquad \cdots (A)$$

[Ⅱ] $f(x) = 0$ が $0 < x < 1$ と $1 < x$ に 1 つずつ実数解をもつとき

この必要十分条件は

$$\begin{cases} f(0) > 0 \\ f(1) < 0 \end{cases} \Leftrightarrow \begin{cases} b > 0 \\ 1 + a + b < 0 \end{cases}$$

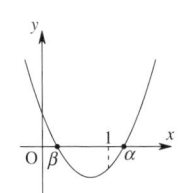

だから，これらをまとめて,

$$\therefore 0 < b < -a - 1 \qquad \cdots (B)$$

[Ⅲ] $f(x) = 0$ が $1 < x$ に 2 つの異なる実数解をもつとき，この必要十分条件は

$$\begin{cases} f(x) = 0 \text{ の判別式 } D = a^2 - 4b > 0 \\ \text{軸の位置 } 1 < -\dfrac{a}{2} \\ f(1) > 0 \end{cases}$$

$$\Leftrightarrow \begin{cases} b < \dfrac{a^2}{4} \\ a < -2 \\ b > -a - 1 \end{cases}$$

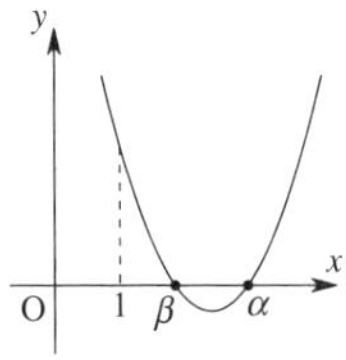

$$\therefore -a - 1 < b < \dfrac{a^2}{4} \ (a < -2) \qquad \cdots (C)$$

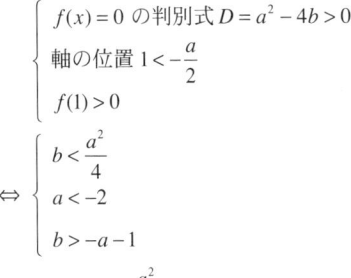

したがって，以上(A), (B), (C)を合わせて図示して，求める必要十分な (a, b) の領域は次の図のようになる．■

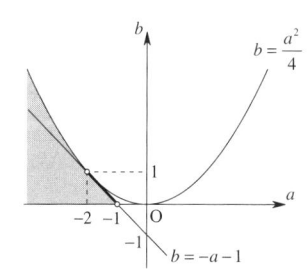

左図の網目部分で境界は
$b=-a-1\ (-2<a<-1)$ のみ含み
白丸と他の境界はすべて除く

◆ コメント ◆

解の配置問題は少しややこしいのでここでまとめておくことにします。

〈鉄則〉－解の配置問題のグラフを利用した解法－

$f(x)=ax^2+bx+c\ (a\neq 0)$ としたとき，$f(x)=0$ の解について，

［Ⅰ］まず，a の正負，つまり**下に凸か上に凸かに分ける。**

［Ⅱ］以下，$a>0$（下に凸）の場合のみにおいて（$a<0$ は各自考察），

① 区間 $p<x<q$ に2解（重解含む）をもつ。

$$\begin{cases} 軸条件：p<-\dfrac{b}{2a}<q \\ 実数解条件：D=b^2-4ac\geq 0 \\ 端点条件：f(p)>0\ かつ\ f(q)>0 \end{cases}$$

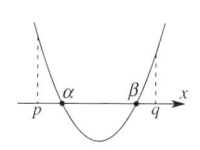

② 区間 $p<x<q$ に重解でないただ1つの解をもつ。

次の2つの場合に分かれる。

（ⅰ） $x=p$ or q を解にもたないとき

$f(p)$ と $f(q)$ が異符号 $\iff f(p)f(q)<0$

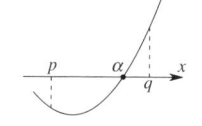

（ⅱ） $x=p$ か $x=q$ が $f(x)=0$ の解の1つのとき

残りの解を λ（ラムダ）とすると，λ は具体的に求まるので，

$p<\lambda<q$（かつ $f(p)f(q)=0$）

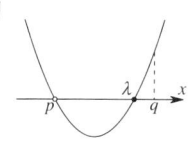

のように処理する。

が基本となりますが，暗記に頼ろうとすると絶対にミスが発生するので，

　　　　「その都度グラフを描いて状況を数式に起こしていく」

方が無難と言えるでしょう。僕もいままでたくさんの生徒を指導してきて，解の配置問題では大多数の人が"言い換えミス"をする印象を受けました。落ち着いて

　　　　「このグラフの状況になるためにはどんな条件がいるのかな？」

を考え，絶対にミスをしないようにしてください。

　因みに，解答では(a), (b), (c)の3種類に場合分けして考えましたが，

　　　　「$x^2+ax+b=0$ が異なる正の2実数解をもつ」

ような領域から

　　　　「$x^2+ax+b=0$ が $0<x<1$ に異なる2実数解をもつ」

を除くという眺め方でもよいでしょう。最終的な答の領域が合致するのであれば場合分けの方法は何でも構いません。各自の好みに合わせて答案を完成させてください。

　　　　　　　　＊　　　　　　　＊　　　　　　　＊

　なんだか例題は"全称系解法の例外"ってよりも，それとは関係のない(2)の説明に重点をおいてしまいましたが(笑)，もう1つだけ全称系解法の例外となるタイプを紹介しておきます。

　それは"漸化式の立式"の問題です。詳しくは付録のp.210に譲りますが，原理的に"漸化式の立式"と"帰納法のアルゴリズム作成"は同等なモノであって，扱う対象が

　　　　漸化式の立式 ・・・・・・・・・・・・・・・・・・・・・・・ 数列 $\{a_n\}$ の項

　　　　帰納法のアルゴリズム作成 ・・・・・・・・・・ 命題 $P(n)$

のように異なるだけです。漸化式の立式に数学的帰納法を用いて解答しようとする受験生がいるんですけど，コレは違います。

　　　　「漸化式の立式に帰納法はありえない！」

と言っても過言ではありません。問題文の雰囲気に騙されて，何も考えずに「とりあえず帰納法でやってみよっか」と軽いノリで答案を書き始めること

のないように。次の〈鉄則〉も参考にしながら，落ち着いて状況を数式に起こしていきましょう。次の☞CHECK!14は，こういった勘違いさえしなければ標準的な問題だと思います。

〈鉄則〉－漸化式の立式－

場合の数や確率の問題などを「漸化式を立てて解く」と決めたら，

① 最初の一手か最後の一手で場合分け。

② 推移図を描くか日本語による説明を添える。

必要に応じて，

③ 補助数列をおく（$p_n + q_n + r_n + \cdots = 1$）。

という3点を留意しておく。

また，原則として**漸化式の立式に帰納法を用いて解答することはありえない**と思っておいてよい。

☞CHECK!14

Oを中心とする円周上に相異なる3点 A_0，B_0，C_0 が時計回りの順におかれている。自然数 n に対し，点 A_n，B_n，C_n を次の規則で定めていく。

(イ) A_n は弧 $A_{n-1}B_{n-1}$ を二等分する点である。（ここで弧 $A_{n-1}B_{n-1}$ は他の点 C_{n-1} を含まない方を考える。以下においても同様である。）

(ロ) B_n は弧 $B_{n-1}C_{n-1}$ を二等分する点である。

(ハ) C_n は弧 $C_{n-1}A_{n-1}$ を二等分する点である。

$\angle A_nOB_n$ の大きさを α_n とする。ただし，$\angle A_nOB_n$ は点 C_n を含まない方の弧 A_nB_n の中心角を表す。

(1) すべての自然数 n に対して $4\alpha_{n+1} - 2\alpha_n + \alpha_{n-1} = 2\pi$ であることを示せ。

(2) すべての自然数 n に対して $\alpha_{n+2} = \dfrac{3}{4}\pi - \dfrac{1}{8}\alpha_{n-1}$ であることを示せ。

(3) α_{3n} を α_0 で表せ。

〔95年京都大学・共通・後期〕

〜Theme1のおわりに〜

　$Theme1$では全称系の証明問題と求値問題に対する解法を網羅しました。

　問題1つ1つに多数の内容が含まれており，欲張って解説も色々と寄り道してしまいましたから，本来僕がこの章で強調したかったこともぼやけてしまったかもしれません。

　そこで，本章に掲載した11問すべてにこの場でサッと目を通し，全称命題の骨格となるべき部分だけ拾って見直してください。たくさん紹介したその他の〈鉄則〉は慣れてきてから確認すればOKです。

　次のテーマ以降でも，各問題に対してかなり欲張った解説をしていくため，1つのテーマを読み終える頃にはそのテーマの骨格の部分がぼやけている可能性は大です。そんなときは焦らずに重要な部分だけ拾ってその章を読み直すようにしてください。まずは**タイトルにあるテーマの眺め方を完全に身につける**ことが先決です。

　また，ここまでの11問を改めて振り返ってみると，題意の把握に相当な労力を割いてきたことが見てとれるでしょう。解答の1行目を書き始めるまで，すなわち**答案には表立って現れてこない部分の考察が，難問を解き崩す上では重要**です。君達も演習を積むときには，ゴールまでの道筋をしっかり見据えてから答案を書き始めるようにしてください。

Theme2
存在命題の扱い

*Theme2*は"全称命題"の対になるともいうべき"存在命題"に関して扱っていくことにします。本来は"特称命題"と呼ぶらしいんですけど，個人的にこの名称はピンとこないため，本書では"存在命題"と呼称することにします。

　存在命題は求値ではなくて証明問題として出題されることが多く，

「東大・京大・阪大での出題頻度は極めて高い」

と言えるにも関わらず，概して受験生は手こずるようです。

　その理由として，

① 散々扱っているにも関わらず，苦手意識からスルーしがち。

② いくつかの定型的な手法があることを認識していない。

などが挙げられるでしょう。ただ，本書を勉強している君達ならばこの方針を明確に意識し，他の受験生に差をつけられるようにならなければいけません。

〈鉄則〉－存在命題の扱い－

　「○○が少なくとも1つ存在することを示せ」や「ある○○に対して△△が成り立つことを示せ」または「うまくすれば○○となるようにできることを示せ」などは，

① ディリクレの部屋割り論法(離散量)。

② パラメータを導入して方程式を立て，実数解をもつことを言う(連続量)。

③ 題意を満たす具体的なものを1つ見つけて明記してしまう，もしくは具体的に作成する方法を提示する。

④ 背理法の利用。

⑤ 数学的帰納法(全称との複合問題)。

の5つの解法のうちいずれかに頼る。

　存在命題は大雑把に言って上記の〈鉄則〉に従うことになります。また，

②と③に明確な区別はなく，

　　　　②　パラメータの実数解に帰着する。

を深く突っ込んだようなものが

　　　　③　題意を満たすものを具体的に明記する。

であるため，実質的には

　　　　　　①　と　②&③　と　④　と　⑤

の4つに分類されると言えます。

　ただし，解法自体は4つに分類されるものの，問題の種類は極めて多岐に渡り，**どの問題にどの解法を用いるのか見極められるようになるにはかなりの経験を積まねばならない**ことを覚悟しておいてください。

　実際，本章以降，各論編の終わりまで至る所に存在命題は顔を出します。気の遠くなるような道のりかもしれませんが，その1つ1つがいずれも重要であるため，一歩一歩着実に解けるタイプの問題を増やしていくように。手始めに本章では①〜④のタイプを学習しましょう。

　　　　⑤　数学的帰納法(全称との複合問題)。

に関しては各論編 $\mathcal{T}heme4$ で詳しく解説します。それまでにまずは①〜④までを自分のものにしてください。

　存在命題を掌握できるかどうかが，難関大学の入試問題で高得点をとれるかどうかのカギを握ると言っても過言ではありません。挫けることなく頑張りましょう。

Theme2-1 【ディリクレの部屋割り論法】

===【例題】===

p が3以上の素数ならば，次のことが成り立つことを示せ。ただし，$k = \dfrac{1}{2}(p-1)$ とする。

(1) $0^2, 1^2, \cdots, k^2$ を p で割るときの余りはすべて異なる。

(2) $0 \leq a \leq k$, $0 \leq b \leq k$ を満たす整数 a, b で，a^2 と $-1-b^2$ を p で割るときの余りが同じであるものが存在する。

(3) $0 < m < p$ を満たす整数 m で，mp が3つの平方数(整数の2乗)の和で表されるものが存在する。

〔94年芝浦工業大学〕

存在命題の手始めは"ディリクレの部屋割り論法"を用いる問題。本書に取り組んでいる君達ならばどこかで耳にしたこともあるでしょう。

〈鉄則〉－ディリクレの部屋割り論法－

離散的なものの存在問題は，"ディリクレの部屋割り論法"を強く疑う。つまり，

「$n(\geq 2)$ 人で $n-1$ 個の部屋に入ろうとするとき，少なくとも1部屋は2人以上入る部屋が存在する」

という当たり前の原理を利用する。その際，どのように部屋を設定するかは思案のしどころ。

単純に"部屋割り"だとか，別名"鳩の巣原理"と呼んだりもします。

でも，君達のヤル気を削ぐようなことを言いますけど，国公立の大学入試ではコレってあんまり重要ではないんですよね(笑)。

どうやら「知らないと解答不可能」といった印象を与える部屋割り論法は国公立入試では避けられ，実際に出題するのは私立大学や工業大学，一部の医科大学といった傾向にあるようです。しかも，慣れてくれば部屋割りの問

題は見た瞬間に「コレは部屋割り臭いなぁ」と気づくことも難しくはありません。ですから気楽に読み進めていってください。

例題の話に入りましょう。(1)はついさっきまで扱っていた全称証明です。Theme1で学んだ

〈鉄則〉 －全称命題の証明－

「任意の○○に対して，△△となることを示せ」は，

① 不等式の証明(連続量)
 → $f(x) = $ (大きい方) $-$ (小さい方)の最小値ですら0以上を示す。

② 2変数命題の証明(連続量)
 → 領域を導入して，集合の包含関係に持ち込む。

③ nに関する離散命題$P(n)$の証明(離散量)
 → 数学的帰納法の利用。

④ 整数に関する証明(離散量)
 → 剰余系の利用。余りで整数を分類してすべての場合を尽くす。

⑤ 背理法の利用。

の5つは必ずおさえておく。

のうちどれを用いましょう？

④あたりが怪しげなものの，pが文字である以上pの剰余系で分類しても，すべて尽くすのはナカナカ難しい(Theme1-4では有限の10だった)。ここは⑤の背理法でスパッと証明しましょう。ただし，**文字の範囲までしっかり考慮して議論を進めないと，矛盾が見当たらなくなる**ことに注意してください。

さて本題の(2)です。Theme1-4で扱ったように「余りが同じ」は「差が割り切れる」と言い換えるのが普通なんですけど，これは例外で字面通りにそのまま考えることになります。

まずは具体的に $p = 7$ とでもしましょうか。このとき，$k = \dfrac{1}{2}(p-1) = 3$ ですから，

「$\{0^2, 1^2, 2^2, 3^2\}$ と $\{-1-0^2, -1-1^2, -1-2^2, -1-3^2\}$ のうち，
7で割ったときの余りが等しくなるものが存在する」

となり，計算して書き直してみると，

$$\{0^2, 1^2, 2^2, 3^2\} = \{0, 1, ④, \boxed{9}\}$$

$$\{-1-0^2, -1-1^2, -1-2^2, -1-3^2\} = \{-1, -2, \boxed{-5}, ⃝{-10}\}$$

となって，余りの等しくなるものが

$$4 \equiv -10 \pmod{7} \text{ と } 9 \equiv -5 \pmod{7}$$

の2組あることが確認されました(2組あるのは必然ではない)。

　勘の鋭い人ならば $\{0, 1, 4, 9\}$ と $\{-1, -2, -5, -10\}$ の要素の合計が8つあることからピンときたと思いますが，7で割った余りは0〜6の7種類しかなく，

0〜6までの番号がついた7つの部屋

に

$\{0, 1, 4, 9\}$ と $\{-1, -2, -5, -10\}$ の背番号をつけた8人

が入ろうとすると，どう頑張っても"1部屋に2人以上入っている部屋"ができてしまいますね？　これが"部屋割り論法"です。

　ただし，題意をもっと正確に表現しようとすると，

「すでに4部屋が埋まっている7部屋に，さらに4人がバラバラに入るとき，
どうしても先客がいる部屋に少なくとも1人は入るハメになる」

となります。というのも，a^2 $(0 \leq a \leq k)$ と $-1-b^2$ $(0 \leq b \leq k)$ にまたがって余りが同じになることを言わなければならないからです。

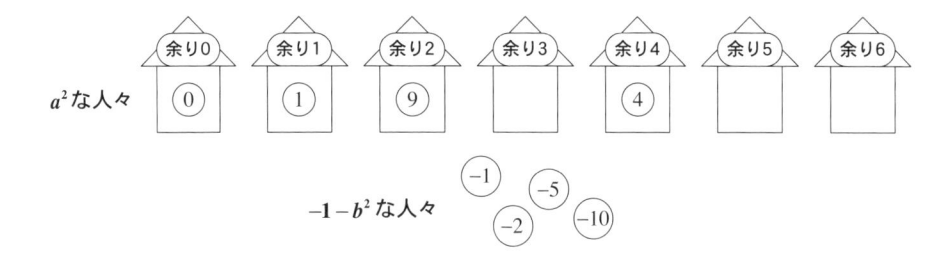

(2)までクリアできれば最後の(3)は標準的。存在を示す文字mの範囲に注意しながら，存在命題の〈鉄則〉のうち

　　　③　題意を満たす具体的なものを1つ見つけて明記してしまう。

のような雰囲気で解答することになります。

● 解　答 ●

pは3以上の素数であるから，奇素数である。したがって，$k = \dfrac{1}{2}(p-1)$ は整数であることに留意しておく。

(1) $0^2, 1^2, 2^2, \cdots, k^2$ を p で割った余りの等しいものが存在したとする。

それらを $i^2, j^2\ (0 \leq i < j \leq k)$ としておき，商をそれぞれ $q_i, q_j\ (q_i, q_j$ は整数$)$，余りを $r\ (r$ は $0 \leq r \leq p-1$ なる整数$)$ とすると，

$$i^2 = pq_i + r \quad \cdots ①$$
$$j^2 = pq_j + r \quad \cdots ②$$

と表され，② − ①をして，

$$j^2 - i^2 = p(q_j - q_i)$$
$$\Leftrightarrow (j+i)(j-i) = p(q_j - q_i)$$

$q_j - q_i$ は整数より右辺は p の倍数だから，左辺も p の倍数である。また，p は素数であるから，$j+i, j-i$ がいずれも整数であることを踏まえると，

　　　　$j+i, j-i$ のいずれか一方は素数 p の倍数

でなければならない。

ところが，i, j の範囲は $0 \leq i < j \leq k$ だったから，

$$1 \leq j+i \leq k+(k-1) = 2k-1 = p-2 \quad \left[\because k = \dfrac{1}{2}(p-1)\right]$$
$$1 \leq j-i \leq k = \dfrac{1}{2}(p-1)$$

となって，$j+i$ も $j-i$ も素数 p の倍数となることはなく不合理。

したがって，$0^2, 1^2, 2^2, \cdots, k^2$ を p で割った余りはすべて異なる。■

(2) 一般に整数 N を p で割った余りは $0, 1, 2, \cdots, p-1$ の p 通りである。そして，(1)の事実により，$a^2\ (0 \leq a \leq k)$ を p で割った余りはすべて異なるから $k+1$ 通りある。同様に考えると，$-1-b^2\ (0 \leq b \leq k)$ を p で割った余りも $k+1$ 通りである。

ここで，$a^2\ (0 \leq a \leq k), -1-b^2\ (0 \leq b \leq k)$ を p で割った余りの $2k+2 = p+1$ 個について，これらがすべて互いに異なるとすると，整数 N を p で割った余りが $p+1$ 種類以上あることになり，これは一般の事実と矛盾する。

したがって，$0 \leq a \leq k, 0 \leq b \leq k$ を満たす整数 a, b で，a^2 と $-1-b^2$ を p で割るときの余りが同じであるものが存在する。■

(3) (2)の，pで割ったときの余りが等しくなる要素を s^2 $(0 \leq s \leq k)$，$-1-t^2$ $(0 \leq t \leq k)$ とし，商を q_s, q_t（q_s, q_t は整数），余りを u（u は $0 \leq u \leq p-1$ なる整数）とすれば，

$$s^2 = pq_s + u \qquad \cdots ③$$
$$-1-t^2 = pq_t + u \qquad \cdots ④$$

が成り立つ。③－④をして，

$$s^2 + t^2 + 1^2 = p(q_s - q_t) \qquad \cdots ⑤$$

となるが，左辺の範囲について，$0 \leq s \leq k, 0 \leq t \leq k$ により，

$$1 \leq s^2 + t^2 + 1^2 \leq 2k^2 + 1$$
$$\Leftrightarrow 1 \leq s^2 + t^2 + 1^2 \leq \frac{1}{2}p^2 - p + \frac{3}{2} \quad \left[\because k = \frac{1}{2}(p-1)\right]$$

続いて，p^2 と $\frac{1}{2}p^2 - p + \frac{3}{2}$ の大小を考察すると，

$$p^2 - \left(\frac{1}{2}p^2 - p + \frac{3}{2}\right) = \frac{1}{2}p^2 + p - \frac{3}{2} > 0 \quad [\because p \geq 3]$$

であるから，$s^2 + t^2 + 1^2$ は

$$0 < s^2 + t^2 + 1^2 < p^2 \qquad \cdots ⑥$$

の範囲にあることが分かった。

さて，⑤，⑥より，

$$0 < p(q_s - q_t) < p^2$$
$$\therefore 0 < q_s - q_t < p \quad [\because p > 0]$$

したがって，$m = q_s - q_t$ とすれば，

$$mp = s^2 + t^2 + 1^2 \ (0 < m < p)$$

と書ける保証があるため，これが所望の整数 m となる。■

━━━━━━━━━━━━ ◆ コメント ◆ ━━━━━━━━━━━━

(2)で"ディリクレの部屋割り論法"という呼称を避けるために，答案としては背理法っぽく表現してあります。別にこの言葉を用いても減点されるとは思えませんが，何となくこの特殊な固有名詞を避けたくなったのでこのように解答をまとめました。特に深い意味はありません(笑)。

さて，本問の解答を振り返ると，

「文字の範囲を結構重要視して議論を進めていっている」

のが見てとれるかと。これまでも不等条件を大切にする問題はチラホラ登場してきましたが($\mathcal{T}heme$1-6や☞**CHECK!5,9**)，やっぱりコレは難しいことが多いんですよね。

受験生は「不等条件や文字の有効範囲には目もくれず，等式にばかり集中する」傾向が強いんですけど，入試問題になってくるとこの姿勢だけでは通用しなくなってくる。等式いじりは最終的に誰でもできるようになるため，ふるいをかけるための難関大入試ではみんなが苦手とする部分で出し抜けるようにならないといけないんですね。

これを得意にするためには

「普段から状況整理する姿勢をもち，条件をすべて書き上げる」

のを怠らないことです。焦ることはありませんから徐々に不等条件も視野に入れる力を養いましょう。

＊　　　　＊　　　　＊

ディリクレはそれほど重要ではありませんが，せっかくですし類題を紹介しておきます。次の☞**CHECK!15**は大学入試ではなく有名問題の1つです。例題と同じ流れで解答するものの，要素の個数が $n-1$ 個であるため一工夫が必要となります。よくよく観察して自力で論証を完成させてください。

☞**CHECK!15**

n を2以上の自然数とし，X を実数とする。このとき，

$$X, 2X, 3X, \cdots, (n-1)X$$

のうち，ある整数から距離 $\dfrac{1}{n}$ 以下となるものが少なくとも1つは存在することを示せ。

〔有名問題〕

Theme2-2 【図形の存在命題の扱い】
==========【例題】==========

A_1, A_2, A_3 は xy 平面上の点で同一直線上にはないとする。3つの一次式
$$f_1(x, y) = a_1x + b_1y + c_1, \ f_2(x, y) = a_2x + b_2y + c_2, \ f_3(x, y) = a_3x + b_3y + c_3$$
は，方程式
$$f_1(x, y) = 0, \ f_2(x, y) = 0, \ f_3(x, y) = 0$$
によりそれぞれ直線 A_2A_3, A_3A_1, A_1A_2 を表すとする。このとき実数 u, v をうまくとると方程式
$$uf_1(x, y)f_2(x, y) + vf_2(x, y)f_3(x, y) + f_3(x, y)f_1(x, y) = 0$$
が3点 A_1, A_2, A_3 を通る円を表すようにできることを示せ。

〔98年京都大学・理系・後期〕

本問の解説に入る前に図形の存在命題に関して確認しておきます。

〈鉄則〉－図形の存在命題－

「○○となる図形が存在する」といった類の問題は，
① 自分でパラメータを設定し(ここでは t とする)，その図形をパラメータ t を用いて表現する。
② 題意の条件を数式化する。
③ パラメータ t の方程式と眺めて実数解条件に持ち込む。
という手順が鉄則。

特に，代表例である接線の本数に関しては，
①′ 接点 $(t, f(t))$ を設定して接線を $y = f'(t)(x - t) + f(t)$ とする。
②′ 点 $P(X, Y)$ を通ることから，$Y = f'(t)(X - t) + f(t)$ を考える。
③′ 上記の関係式を t の方程式と眺めて，実数解の個数を考える。
とする。

次の問題を例にとって考えてみましょう。

> **問** 放物線 $y=x^2$ 上に，直線 $y=ax+1$ に関して対称な位置にある異なる2点 P, Q が存在するような a の値の範囲を求めよ。
>
> 〔01年一橋大学・前期〕

証明問題ではありませんが，2点 P, Q に関する存在命題です。〈鉄則〉に倣って考えると，まずはこれらの2点をパラメータで表現することが第一手。$P(p, p^2)$, $Q(q, q^2)$ とでもするのが妥当でしょう。

そして，条件

「P, Q は直線 $y=ax+1$ に関して対称な位置にある」

を数式表現することが次の手順。対称点の求め方である

〈鉄則〉－対称点の求め方－

点Pの直線lに関する対称点Qを求めるときは，

① 「PQの中点Mが直線l上」かつ「PQ⊥l」を連立する。

② "正射影ベクトル"の利用。

$$\overrightarrow{OQ} = \overrightarrow{OP} + 2\overrightarrow{PH}$$

のいずれかで処理する。ほとんどは①で対処可能。

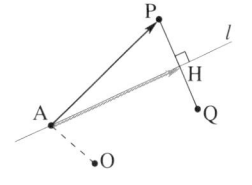

を思い出せば，

$$\text{PQ の中点M が } y=ax+1 \text{ 上にある}$$
$$\Leftrightarrow\ p^2+q^2 = a(p+q)+2 \quad \cdots\cdots(イ)$$

$$\text{PQ}\perp(\text{直線 } y=ax+1)$$
$$\Leftrightarrow\ 1+a(p+q)=0 \quad \cdots\cdots(ロ)$$

と眺めるのが自然かと。そして，ここから

「パラメータ p, q に関しての実数解条件に帰着する」

段階に入るワケです。条件式(イ)と(ロ)はいずれも p, q の対称式なんですから，和と積の形を作ってスパッと処理しちゃいましょう。

問の解答

$y = x^2$ 上の2点を $P(p, p^2)$, $Q(q, q^2)$ $(p \neq q)$ とおく。

題意から，2点 P, Q は直線 $y = ax + 1$ に関して対称であるから，

$$\begin{cases} PQの中点 (\dfrac{p+q}{2}, \dfrac{p^2+q^2}{2}) は y = ax+1 上 \\ PQ \perp (直線\ y = ax + 1) \end{cases}$$

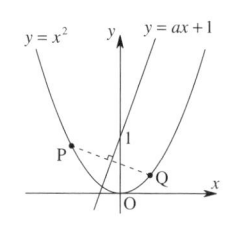

$\Leftrightarrow \begin{cases} \dfrac{p^2+q^2}{2} = a \cdot \dfrac{p+q}{2} + 1 \\ \begin{pmatrix} q-p \\ q^2-p^2 \end{pmatrix} \cdot \begin{pmatrix} 1 \\ a \end{pmatrix} = 0 \end{cases}$

$\Leftrightarrow \begin{cases} p^2 + q^2 = a(p+q) + 2 & \cdots ① \\ 1 + a(p+q) = 0 \quad [\because\ p \neq q] & \cdots ② \end{cases}$

さて，②について，式の形から $a \neq 0$ が保証されるから，

$$\therefore\ p + q = -\dfrac{1}{a} \qquad \cdots ③$$

続いて①より，

$$pq = \dfrac{1}{2}\{(p+q)^2 - a(p+q) - 2\}$$
$$= \dfrac{1}{2a^2} - \dfrac{1}{2} \quad [\because\ ③] \qquad \cdots ④$$

となって，③，④より，p, q は t の2次方程式

$$t^2 + \dfrac{1}{a}t + \dfrac{1}{2a^2} - \dfrac{1}{2} = 0 \qquad \cdots (*)$$

の2解となることが分かる。

以下，$(*)$ が異なる2つの実数解をもつような a の範囲を求めればよい。$(*)$ の判別式を D として，

$$D = \dfrac{1}{a^2} - 4\left(\dfrac{1}{2a^2} - \dfrac{1}{2}\right) = -\dfrac{1}{a^2} + 2 > 0$$

$\Leftrightarrow a < -\dfrac{1}{\sqrt{2}}$ or $\dfrac{1}{\sqrt{2}} < a$ ($a \neq 0$ を満たす) ∎

図形の存在命題のイメージをつかんでもらったところでいよいよ例題の話に移ります。この問題を解き崩すための第一歩は

「たくさんある文字に対し，定数かパラメータかの区別をつける」
ことで，x, y 以外の a_1〜c_3 や u, v をどうとらえるかの把握が重要です。

結論を言ってしまうと

「a_1〜c_3 が定数で u, v がパラメータ(変数)扱い」

となります。a_1〜c_3 は

問 3つの一次式
$$f_1(x, y) = x + y - 1,\ f_2(x, y) = x - 2y + 2,\ f_3(x, y) = 2x - y - 2$$
に対し，3直線
$$f_1(x, y) = 0,\ f_2(x, y) = 0,\ f_3(x, y) = 0$$
で作られる三角形の外接円の方程式を求めよ。

のような具体的な係数と何ら変わりはありません。これらを単に文字で代表させたに過ぎないんですね。

次の段階に進みます。図形表現するためのパラメータは問題文に u, v と指定されているため，素直にこれに従いましょう。ただし，

$$uf_1(x, y)f_2(x, y) + vf_2(x, y)f_3(x, y) + f_3(x, y)f_1(x, y) = 0$$

をバカ正直に展開するととんでもないことになるので，

〈鉄則〉－円の方程式の特徴－

座標平面における円の方程式は，

① $(x, y \text{ の 2 次式}) = 0$ の形をしている。

② x^2 と y^2 の係数比は $1:1$。

③ xy の係数は 0。

の3点を満たしていればよい。

に着目して x^2, y^2, xy の係数を別々に計算するのが1つのコツ。そして，

$$\begin{cases} (x^2 \text{の係数}) = (y^2 \text{の係数}) (\neq 0) \\ (xy \text{の係数}) = 0 \end{cases}$$

なる連立式が u, v について実数解をもつと分かれば証明は完了します。

● 解 答 ●

$$F(x, y) = u f_1(x, y) f_2(x, y) + v f_2(x, y) f_3(x, y) + f_3(x, y) f_1(x, y)$$

としておく。$A_1(x_1, y_1)$, $A_2(x_2, y_2)$, $A_3(x_3, y_3)$ とすると, 3直線

$$f_1(x, y) = 0, \ f_2(x, y) = 0, \ f_3(x, y) = 0$$

はそれぞれ $A_2 A_3$, $A_3 A_1$, $A_1 A_2$ を表すから,

$$\begin{cases} f_1(x_2, y_2) = 0, \ f_1(x_3, y_3) = 0 \\ f_2(x_3, y_3) = 0, \ f_2(x_1, y_1) = 0 \\ f_3(x_1, y_1) = 0, \ f_3(x_2, y_2) = 0 \end{cases} \quad \cdots (*)$$

が成立し, $(*)$ により,

$$F(x_1, y_1) = 0, \ F(x_2, y_2) = 0, \ F(x_3, y_3) = 0$$

が保証される。つまり,

図形 $F(x, y) = 0$ は, 3点 A_1, A_2, A_3 を通る $\quad \cdots$ (イ)

そして,

$$F(x, y) = u(a_1 x + b_1 y + c_1)(a_2 x + b_2 y + c_2) + v(a_2 x + b_2 y + c_2)(a_3 x + b_3 y + c_3) + (a_3 x + b_3 y + c_3)(a_1 x + b_1 y + c_1)$$

を展開したときの x^2, y^2, xy の係数をそれぞれ p, q, r とすると,

$$p = a_1 a_2 u + a_2 a_3 v + a_3 a_1$$
$$q = b_1 b_2 u + b_2 b_3 v + b_3 b_1$$
$$r = (a_1 b_2 + a_2 b_1) u + (a_2 b_3 + a_3 b_2) v + a_3 b_1 + a_1 b_3$$

だが, 題意は

$p = q (\neq 0)$ かつ $r = 0$ となるような実数 u, v が存在する $\quad \cdots$ (ロ)

のを示すことに帰着される。なぜなら, 上記のことさえ成り立てば,

$$F(x, y) = 0 \iff p x^2 + p y^2 + (x, y \text{の1次式}) = 0$$

は, (イ)のことより虚円にはなりえないからである。

まず, "$\neq 0$" 以外の条件を考える。

$$\begin{cases} p = q \\ r = 0 \end{cases}$$

$$\iff \begin{cases} (a_1 a_2 - b_1 b_2) u + (a_2 a_3 - b_2 b_3) v = -(a_3 a_1 - b_3 b_1) \\ (a_1 b_2 + a_2 b_1) u + (a_2 b_3 + a_3 b_2) v = -(a_3 b_1 + a_1 b_3) \end{cases}$$

Theme2 存在命題の扱い　101

$$\Leftrightarrow \begin{pmatrix} a_1a_2 - b_1b_2 & a_2a_3 - b_2b_3 \\ a_1b_2 + a_2b_1 & a_2b_3 + a_3b_2 \end{pmatrix} \begin{pmatrix} u \\ v \end{pmatrix} = -\begin{pmatrix} a_3a_1 - b_3b_1 \\ a_3b_1 + a_1b_3 \end{pmatrix} \quad \cdots (\☆)$$

であって，

$$A = \begin{pmatrix} a_1a_2 - b_1b_2 & a_2a_3 - b_2b_3 \\ a_1b_2 + a_2b_1 & a_2b_3 + a_3b_2 \end{pmatrix}$$

のように行列 A を定めることにすると，この行列式は，

$$\det A = (a_1a_2 - b_1b_2)(a_2b_3 + a_3b_2) - (a_2a_3 - b_2b_3)(a_1b_2 + a_2b_1)$$
$$= (a_1b_3 - a_3b_1)(a_2^2 + b_2^2)$$

である。

さて，$a_1b_3 - a_3b_1 = 0$ とすると，これは2直線 $f_1(x, y) = 0$, $f_3(x, y) = 0$ が平行であることを意味し，交点 A_2 ができないことになるから $a_1b_3 - a_3b_1 \neq 0$。

さらに $a_2^2 + b_2^2 = 0$ とすると，a_2, b_2 は実数だから $a_2 = b_2 = 0$ となるが，このとき図形 $f_2(x, y) = 0$ は直線を意味しなくなるので，やはり $a_2^2 + b_2^2 \neq 0$。

$$\therefore \det A \neq 0$$

したがって行列 A は逆行列

$$A^{-1} = \frac{1}{(a_1b_3 - a_3b_1)(a_2^2 + b_2^2)} \begin{pmatrix} a_2b_3 + a_3b_2 & -a_2a_3 + b_2b_3 \\ -a_1b_2 - a_2b_1 & a_1a_2 - b_1b_2 \end{pmatrix}$$

をもち，($\☆$) の両辺左から A^{-1} を掛けると，

$$\begin{pmatrix} u \\ v \end{pmatrix} = -\frac{1}{(a_1b_3 - a_3b_1)(a_2^2 + b_2^2)} \begin{pmatrix} a_2b_3 + a_3b_2 & -a_2a_3 + b_2b_3 \\ -a_1b_2 - a_2b_1 & a_1a_2 - b_1b_2 \end{pmatrix} \begin{pmatrix} a_3a_1 - b_3b_1 \\ a_3b_1 + a_1b_3 \end{pmatrix}$$

$$= \frac{1}{(a_1b_3 - a_3b_1)(a_2^2 + b_2^2)} \begin{pmatrix} (a_2b_1 - a_1b_2)(a_3^2 + b_3^2) \\ (a_3b_2 - a_2b_3)(a_1^2 + b_1^2) \end{pmatrix} \quad (\leftarrow 頑張って計算)$$

なる実数 (u, v) に対して $p = q, r = 0$ は満たされる。

次に，この (u, v) に対して $p \neq 0$ となることを示せばよく，

$$p = \frac{1}{(a_1b_3 - a_3b_1)(a_2^2 + b_2^2)} \{a_1a_2(a_2b_1 - a_1b_2)(a_3^2 + b_3^2)$$
$$+ a_2a_3(a_3b_2 - a_2b_3)(a_1^2 + b_1^2) + a_3a_1(a_1b_3 - a_3b_1)(a_2^2 + b_2^2)\}$$

$$= \cdots \quad (\leftarrow かなりしんどいけど頑張って計算(笑))$$

$$= \frac{(a_3b_2 - a_2b_3)(a_1b_2 - a_2b_1)}{a_2^2 + b_2^2}$$

であって，$a_3b_2 - a_2b_3 = 0$ とすれば $f_2(x, y) = 0$ と $f_3(x, y) = 0$ とが平行となってしまい，$a_1b_2 - a_2b_1 = 0$ とすれば $f_1(x, y) = 0$ と $f_2(x, y) = 0$ とが平行となるので $p \neq 0$。

したがって，(ロ)が示されたから，以上(イ),(ロ)を合わせて，

　　　$F(x, y) = 0$ が $\triangle A_1A_2A_3$ の外接円を表すような実数 u, v は存在する

ことが示された。■

◆ コメント ◆

解答に出てきた"虚円"とは
$$x^2 + y^2 + 2x + 2y + 3 = 0$$
$$\Leftrightarrow (x+1)^2 + (y+1)^2 = -1$$
のように，円の方程式に見えるけれども実際にはそれを満たすような点は存在しないモノを指します。

また，解答では途中式を随分カットしましたが，最後の $p \neq 0$ を示す部分がかなりメンドクサイ。計算で示そうとするとどうしても (u, v) を具体的に a_1 〜 b_3 で表さなければならず，$p = a_1 a_2 u + a_2 a_3 v + a_3 a_1$ の計算に入る頃には心が折れてしまいそうです。添え字の循環性などにも気を使って計算を進めますが，$\det A \neq 0$ を示した段階で，

「あとは $\begin{pmatrix} u \\ v \end{pmatrix} = -A^{-1} \begin{pmatrix} a_3 a_1 - b_3 b_1 \\ a_3 b_1 + a_1 b_3 \end{pmatrix}$ によって定まる (u, v) に対して $p \neq 0$ となることを示せば証明は完了する」

とだけ記して敵前逃亡するのも戦略上仕方のないことかもしれません。

具体的に計算せずに $p \neq 0$ を示す方法もあるにはあるんですけど，応用性に欠けるために本書ではスルーします。気になる人は市販の過去問集で調べてみてはいかがでしょうか？

＊　　　　　＊　　　　　＊

存在命題の練習をする前に"文字定数"に関して改めて補足しておきます。"定数"という漢字に引っ張られて，受験生は「定数とは定まった数である」と認識している人が多いようなんですけど，個人的にこのとらえ方は好きではありません。僕としては

〈鉄則〉－文字定数の認識－

定数とは"定まった数"ではなく，「**いま自分が変数と見ている文字とは無関係な，神様(出題者)に与えられた数(文字)**」のように認識を改める。

ととらえて欲しいんですよね。そして，文字が乱立するような問題を考える際には

「変数と定数をはっきり区別することが重要」

です。$Theme1$-10でも問題を把握するためにこの区別を明確にしましたよね？

特に京大の出題する図形の存在命題ではこの区別が重要になり，文字の扱いをはき違えて解答してしまうと，「自分は完答したつもりでも，実は全く逆のことを答案にしていて0点！」となる怖れもあります(☞詳細は各論実戦編 $Theme6$ を参照)。たくさんの文字が登場して混乱しかけたら，何度も問題文を読み直してこれらの区別をつけることをオススメします。

次の2題は一見，例題に関係ないように思えますが，僕は例題の類題としてカテゴライズしています。まずは自由に考え，解答を読んだときにどの部分が関連するのか僕の意図を汲みとってみましょう。

☞ CHECK!16

xy平面において，Oを原点，Aを定点$(1, 0)$とする。また，P, Qは円周$x^2+y^2=1$の上を動く2点であって，線分OAから正の向きにまわって線分OPにいたる角と，線分OPから正の向きにまわって線分OQにいたる角が等しいという関係が成り立っているものとする。

点Pを通りx軸に垂直な直線とx軸との交点をR，点Qを通りx軸に垂直な直線とx軸との交点をSとする。実数$l≧0$を与えたとき，線分RSの長さがlと等しくなるような点 P, Q の位置は何通りあるか。

〔85年東京大学・理系〕

☞ CHECK!17

次の等式を満たす関数 $f(x)$ $(0≦x≦2\pi)$ がただ1つ定まるための実数 a, b の条件を求めよ。また，そのときの $f(x)$ を決定せよ。

$$f(x)=\frac{a}{2\pi}\int_0^{2\pi}\sin(x+y)f(y)dy+\frac{b}{2\pi}\int_0^{2\pi}\cos(x-y)f(y)dy+\sin x+\cos x$$

ただし，$f(x)$ は区間 $0≦x≦2\pi$ で連続な関数とする。

〔01年東京大学・理系・前期〕

Theme2-3 【中間値の定理 〜考察を加える関数の変更〜】

=====【例題】=====

kを正の整数とし，$2k\pi \leq x \leq (2k+1)\pi$ の範囲で定義された2曲線

$$C_1 : y = \cos x, \quad C_2 : y = \frac{1-x^2}{1+x^2}$$

を考える。

(1) C_1とC_2は共有点をもつことを示し，その点におけるC_1の接線は点$(0, 1)$を通ることを示せ。

(2) C_1とC_2の共有点はただ1つであることを証明せよ。

〔05年京都大学・理系・前期〕

実数解条件に帰着する存在命題を扱う際，先程のTheme2-2のようにいつも具体的に解を計算できるとは限りません。本問も，(1)では方程式

$$\cos x = \frac{1-x^2}{1+x^2}$$

が $2k\pi \leq x \leq (2k+1)\pi$ に実数解をもつことを言えばイイんですけど，こんな方程式が高校範囲の数学で解けるはずもありません。

そこで活躍するのが"中間値の定理"。**グラフを描いて視覚的に共有点の存在を保証する**のは君達もお馴染みですよね？

〈鉄則〉－中間値の定理－

連続状況での存在を示すときは，"中間値の定理"

「閉区間 $[a, b]$ で連続な関数 $f(x)$ において，$f(a)$ と $f(b)$ が異符号であるとき，方程式 $f(x) = 0$は$[a, b]$に少なくとも1つ解をもつ」

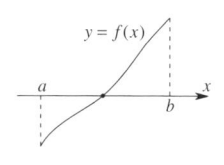

の利用が有効。

特に「ただ1つの実数解をもつことを示す」際は，単調性との合わせ技によることが多い。

これを用いれば本問は楽勝です……とはいかないのが京都大学のコワイところ(笑)。(1)の後半まではなんとか自力で完答できるものの((1)の後半もやさしいわけではない)，素直にやっていくときっと(2)で手詰まりとなるでしょう。

$$f(x) = \cos x - \frac{1-x^2}{1+x^2}$$

をどんどん微分しても

$$f'''(x) = \sin x + \frac{48x(x^2-1)}{(1+x^2)^4}$$ (←僕の計算が合っていればこうなる)

などとなるだけで，一向に見通しは立ちません。

煮詰まってきたら視点を変えて眺めてみるのが人間の智慧。初めから考え直します。

C_1, C_2 のグラフを描いてみると，左下図のようになり，共有点がただ1つであるのは「グラフより明らか」としたくなるところです。

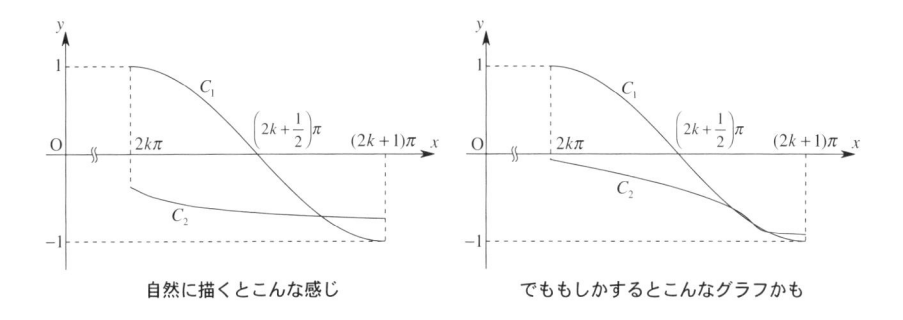

自然に描くとこんな感じ　　　　　　でももしかするとこんなグラフかも

しかし，これで済ませてしまうとアッサリ0点を喰らってしまいます。

C_1 も C_2 も，いずれも単調減少関数ということしか分からないため，(あり得なさそうなオーラがプンプンするものの)右上図のようなケースも考えられるからです。やはり数式に頼って証明するしかありません。

さて困りました。自然に取り組むと八方塞がりです。どうしましょう？

こういったときに手掛かりとなるのは

問題文を眺め直し，出題者の意図を汲む姿勢

です。どういうことでしょうか？

本問の(1)と(2)は一見して独立小問に思えます。

「C_1, C_2 の共有点における C_1 の接線は $(0, 1)$ を通る」

ことと

「C_1, C_2 の共有点はただ1つである」

ことに関連性はないように見えるからです。

しかし，京都大学が独立小問を並べただけのみっともない出題をするとは考えにくい．何かしらの意図が隠れているハズです．

(1)の後半で，共有点の x 座標を $x = \alpha$ として，

「$(x, y) = (0, 1)$ が等式 $y = -\sin\alpha(x - \alpha) + \cos\alpha$ を満たす」

を示すことになりますが，もっと丁寧に言い換えると，

「$\cos\alpha = \dfrac{1-\alpha^2}{1+\alpha^2}$, $2k\pi \leqq \alpha \leqq (2k+1)\pi$ を満たす実数 α は，

$\alpha\sin\alpha + \cos\alpha = 1$ を満たす」

ということです．

これをもう少しだけ踏み込んで調べると，

「$2k\pi < \alpha < (2k+1)\pi$ の範囲では，α を限定するための2つの

等式 $\cos\alpha = \dfrac{1-\alpha^2}{1+\alpha^2}$ と $\alpha\sin\alpha + \cos\alpha = 1$ は等価値である」

ことが判明します．

この事実を踏まえると，

「考えづらい $\cos\alpha = \dfrac{1-\alpha^2}{1+\alpha^2}$ を考察するのではなく，

別の方程式 $\alpha\sin\alpha + \cos\alpha = 1$ を調べても話は同じ」

と言えますよね？

$2k\pi < \alpha < (2k+1)\pi$ の範囲においては

$$\cos\alpha = \dfrac{1-\alpha^2}{1+\alpha^2} \quad \Leftrightarrow \quad \alpha\sin\alpha + \cos\alpha = 1$$

等価値ならば実数解の個数も同じハズ

なるほど，(1)の後半は

「考察を加えるべき方程式を変更させる」

ための誘導だったワケですね。つまり，

「$\alpha\sin\alpha + \cos\alpha = 1\ (2k\pi < \alpha < (2k+1)k\pi)$ がただ1つの実数解をもつ」

ことが言えれば，

「C_1とC_2の共有点が1つである」

ことも保証されます。ここまでくれば，あとは関数

$$g(\alpha) = \alpha\sin\alpha + \cos\alpha - 1$$

の挙動を調べようとするのは自然な発想でしょう。

● 解 答 ●

(1) C_1, C_2 の方程式を連立させて，

$$\cos x = \frac{1-x^2}{1+x^2} \Leftrightarrow \cos x - \frac{1-x^2}{1+x^2} = 0 \quad (2k\pi \leq x \leq (2k+1)\pi)$$

ここで，

$$f(x) = \cos x - \frac{1-x^2}{1+x^2} \quad (2k\pi \leq x \leq (2k+1)\pi)$$

と定めると，$f(x)$ は $2k\pi \leq x \leq (2k+1)\pi$ において連続で，

$$f(2k\pi) = \cos(2k\pi) - \frac{1-(2k\pi)^2}{1+(2k\pi)^2}$$

$$= 1 - \frac{1-(2k\pi)^2}{1+(2k\pi)^2} \quad [\because\ k\text{は正の整数}]$$

$$= \frac{8k^2\pi^2}{1+(2k\pi)^2} > 0$$

$$f((2k+1)\pi) = \cos\{(2k+1)\pi\} - \frac{1-\{(2k+1)\pi\}^2}{1+\{(2k+1)\pi\}^2}$$

$$= -1 - \frac{1-\{(2k+1)\pi\}^2}{1+\{(2k+1)\pi\}^2} \quad [\because\ k\text{は正の整数}]$$

$$= \frac{-2}{1+\{(2k+1)\pi\}^2} < 0$$

であるから，中間値の定理により，方程式 $f(x) = 0$ は $2k\pi < x < (2k+1)\pi$ に少なくとも1つ実数解をもつ。つまりはC_1とC_2は共有点をもつ。■

続いて，この解の1つを $x = \alpha$ とすると，

$$\begin{cases} \cos\alpha = \dfrac{1-\alpha^2}{1+\alpha^2} & \cdots\cdots① \\ 2k\pi < \alpha < (2k+1)\pi & \cdots\cdots② \end{cases}$$

が成り立ち，②の範囲を考えると $\sin\alpha > 0$ なので，
$$\begin{aligned}\sin\alpha &= \sqrt{1-\cos^2\alpha}\\ &= \sqrt{1-\left(\frac{1-\alpha^2}{1+\alpha^2}\right)^2}\quad [\because ①]\\ &= \sqrt{\frac{(2\alpha)^2}{(1+\alpha^2)^2}}\\ &= \frac{2\alpha}{1+\alpha^2}\quad [\because ②]\quad\quad\quad\quad\cdots ③\end{aligned}$$
である。

さて，C_1 の $x=\alpha$ における接線の方程式は，$y'=-\sin x$ より，
$$y = -\sin\alpha(x-\alpha)+\cos\alpha \quad\quad\quad\quad\cdots ④$$
であり，④式の右辺に $x=0$ を代入すると，
$$\begin{aligned}-\sin\alpha(0-\alpha)+\cos\alpha &= \alpha\sin\alpha+\cos\alpha\\ &= \alpha\cdot\frac{2\alpha}{1+\alpha^2}+\frac{1-\alpha^2}{1+\alpha^2}\quad [\because ①, ③]\\ &= 1\end{aligned}$$
$$\therefore\ \alpha\sin\alpha+\cos\alpha = 1 \quad\quad\quad\quad\cdots ⑤$$

したがって，$(x, y)=(0, 1)$ は $y=-\sin\alpha(x-\alpha)+\cos\alpha$ を満たすので，C_1 と C_2 の共有点における C_1 の接線は点 $(0, 1)$ を通る。■

(2) ②の範囲のもとでは，
$$⑤ \Leftrightarrow \alpha = \frac{1-\cos\alpha}{\sin\alpha}\quad [\because \sin\alpha \neq 0]$$
であって，このとき
$$\begin{aligned}\cos\alpha - \frac{1-\alpha^2}{1+\alpha^2} &= \cos\alpha - \frac{1-\left(\frac{1-\cos\alpha}{\sin\alpha}\right)^2}{1+\left(\frac{1-\cos\alpha}{\sin\alpha}\right)^2}\\ &= \cos\alpha - \frac{\sin^2\alpha-(1-\cos\alpha)^2}{\sin^2\alpha+(1-\cos\alpha)^2}\\ &= \frac{2\cos\alpha-2\cos^2\alpha-(\sin^2\alpha-\cos^2\alpha+2\cos\alpha-1)}{2-2\cos\alpha}\\ &= \frac{-(\sin^2\alpha+\cos^2\alpha)+1}{2-2\cos\alpha}\\ &= 0\end{aligned}$$
であるから，(1)の事実とも合わせて考えると，

　　$2k\pi < \alpha < (2k+1)\pi$ においては，①と⑤は同値関係にある

ことが保証される。

したがって，

　　$2k\pi < \alpha < (2k+1)\pi$ においては，①の実数解の個数と⑤の実数解の個数は等しいはずだから，題意は

$$\alpha \text{の方程式⑤が } 2k\pi < \alpha < (2k+1)\pi \text{ にただ1つの実数解をもつ} \quad \cdots (*)$$

を示すことと同義である。

$$g(\alpha) = \alpha \sin\alpha + \cos\alpha - 1 \quad (2k\pi < \alpha < (2k+1)\pi)$$

とおくと，

$$g'(\alpha) = \sin\alpha + \alpha\cos\alpha - \sin\alpha = \alpha\cos\alpha$$

だから，$g(\alpha)$ の増減表と $\beta = g(\alpha)$ のグラフは次のようになり，$2k\pi < \alpha < (2k+1)\pi$ の範囲に⑤の実数解がただ1つ存在することが確認される。

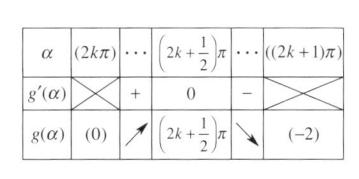

α	$(2k\pi)$	$\cdots$	$\left(2k+\dfrac{1}{2}\right)\pi$	$\cdots$	$((2k+1)\pi)$
$g'(\alpha)$	×	$+$	0	$-$	×
$g(\alpha)$	(0)	↗	$\left(2k+\dfrac{1}{2}\right)\pi$	↘	(-2)

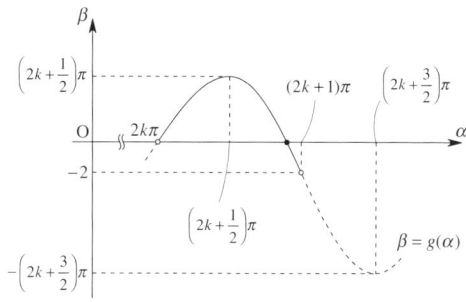

よって，($*$)が示されたから，C_1 と C_2 の共有点はただ1つであることが示された。■

● 別 解 ●

(1)後半　〜αを三角関数で表す方針〜　（①，②までは同じ）

②の範囲では $1 + \cos\alpha \neq 0$ であるから，半角公式を用いて，

$$① \Leftrightarrow \alpha^2 = \frac{1-\cos\alpha}{1+\cos\alpha} = \frac{\sin^2\dfrac{\alpha}{2}}{\cos^2\dfrac{\alpha}{2}} = \tan^2\frac{\alpha}{2}$$

また，$k\pi < \dfrac{\alpha}{2} < \left(k+\dfrac{1}{2}\right)\pi$ の範囲では $\tan\dfrac{\alpha}{2} > 0$ なので，

$$\alpha = \tan\frac{\alpha}{2} \quad \cdots ⑥$$

したがって，

$$\alpha\sin\alpha + \cos\alpha = \tan\frac{\alpha}{2}\left(2\sin\frac{\alpha}{2}\cos\frac{\alpha}{2}\right) + 2\cos^2\frac{\alpha}{2} - 1 \quad [\because ⑥, \text{倍角公式}]$$

$$= 2\left(\sin^2\frac{\alpha}{2} + \cos^2\frac{\alpha}{2}\right) - 1 = 1$$

だから，接線 $y = -\sin\alpha(x-\alpha) + \cos\alpha$ は点 $(0, 1)$ を通る。■

◆ コメント ◆

　本問のように

　　　「元々の数式ではうまくいかないから考察する数式を変更する」

ってのは入試問題として一般的ではなく，受験生はかなり手こずったようです。しかし，実は過去の京大を振り返ってみると，一度この考え方を用いる問題が出題されているんですよね。もちろん誘導つきで(☞ **CHECK!18**)。

　ここ10年くらいの京都大学は基本的に小問をつけず，

　　　　　「0から出発しての論理構成力を試そう！」

という姿勢が見受けられます。この風潮の中にあって，**小問がついている問題が出題されたなら，それは危険信号**だと思ってください。相当な難問であるかかなり特殊な考え方を要求する問題であることがしばしばです。実際，$Theme1$-11の例題も問題の構成が結構難しかったですよね？

　ですから，京都大学が小問をつけてきたときは心してとりかかり，

　　　　　「一見関連性のないような(1)と(2)でも何か意図がないか？」

と疑ってかかるようにしてみてください。ここからでしか突破口が開けないようなこともあります。

　因みに，冒頭で「京都大学が独立小問を並べただけのみっともない出題をするとは考えにくい」と言いましたが，07年と11年は大問1が小問集合でした(笑)。ただし07年だけは"(1)(2)"ではなく，"問1問2"のように記し，受験生に配慮が感じられます。

　　　　　　　　＊　　　　　　　　＊　　　　　　　　＊

　"中間値の定理"は基本的に連続状況に対して用いる解法なんですけど，離散状況に対して用いる問題もチラホラ見受けられます。次に紹介している☞ **CHECK!19,20** は整数変数の離散状況ですが「○○の個数は1個ずつ変化する」という性質は共通です。これがどういったことに効いてくるかみんな考えてみてください。☞ **CHECK!19** の方は特に有名ですからどこかで見たことがあるかもしれませんが……

☞CHECK!18

曲線 $y = \cos x$ の $x = t$ $(0 < t < \frac{\pi}{2})$ における接線と x 軸，y 軸の囲む三角形の面積を $S(t)$ とする．

(1) t の関数として，$S(t)$ $(0 < t < \frac{\pi}{2})$ を求めよ．

(2) $S(t)$ はある1点 $t = t_0$ で最小値をとることを示せ．また，$\frac{\pi}{4} < t_0 < 1$ を示せ．

(3) $S(t_0) = 2t_0 \cos t_0$ を示せ．また，$S(t_0) > \frac{\sqrt{2}}{4}\pi$ を示せ．

〔97年京都大学・理系・前期〕

☞CHECK!19

白石180個と黒石181個の合わせて361個の碁石が横に一列に並んでいる．碁石がどのように並んでいても，次の条件を満たす黒の碁石が少なくとも1つあることを示せ．

    その黒の碁石とそれより右にある碁石をすべて除くと，
    残りは白石と黒石が同数となる．

ただし，碁石が1つも残らない場合も同数とみなす．

〔01年東京大学・文系・前期〕

☞CHECK!20

n, k は自然数で $k \leq n$ とする．穴のあいた $2k$ 個の白玉と $2n - 2k$ 個の黒玉にひもを通して輪を作る．このとき適当な2箇所でひもを切って n 個ずつの2組に分け，どちらの組も白玉 k 個，黒玉 $n - k$ 個からなるようにできることを示せ．

〔06年京都大学・文系・前期〕

Theme2-4 【結局のところ具体的に1つ見つければイイんですよ】

=======【例題】=======

実数xに対して，x以下の整数のうちで最大のものを$[x]$と書くことにする。$c>1$として，$a_n = \dfrac{[nc]}{c}$ ($n=1, 2, \cdots$) とおく。以下の(1), (2), (3)を証明せよ。

(1) すべてのnに対して，$[a_n]$はnまたは$n-1$に等しい。

(2) cが有理数のときは，$[a_n]=n$となるnが存在する。

(3) cが無理数のときは，すべてのnに対して$[a_n]=n-1$となる。

〔97年北海道大学・理系・前期〕

教科書には掲載されていないにも関わらず，入試問題ではしばしばお目にかかる"ガウス記号"の問題です。ガウス記号というと難しい印象を受けがちなんですけど，本問はそれほど難しくはありません。

手始めにガウス記号の〈鉄則〉を確認しておきます。

〈鉄則〉－ガウス記号の扱い－

ガウス記号$[x]$については，

① 定義に従って場合分けをし，グラフを描く。

② $[x] \leq x < [x]+1$ つまり $x-1 < [x] \leq x$ を用いて不等評価する。

②′ $x=[x]+\alpha$ ($0 \leq \alpha < 1$) とおいたり，見やすくするために$m=[x]$として $x=m+\alpha$ とする。

③ $[x]$自体は整数である。

④ $[f(n)]$などは$0 < y_n \leq f(n)$を満たす格子点の個数と見てグラフを用いて考察する($f(n)$は正であることが多い)。

⑤ その他有名知識の利用。

のいずれかの方針に頼る。

このうち入試問題で頻繁に用いられるのは

② $x-1 < [x] \leq x$ で不等評価する。

ですから，まずはこれを試してみましょう。すると，不等式
$$n - \frac{1}{c} < a_n \leq n \qquad \cdots\cdots(イ)$$
が得られます。この式を注意深く観察すれば，(1)ではそれほど詰まる部分はないはずです。因みに，(1)は n に対する全称証明ですけど，「n をポンと与えられた定数とみて処理する」例外系に分類されることになります。

さて，本章のテーマである(2)に入りましょう。c は $c>1$ なる有理数ですから
$$c = \frac{q}{p} \quad (p, q \text{ は } 1 \leq p < q \text{ を満たす整数で互いに素})$$
とするのは誰でも試してみることかと。このとき a_n は
$$a_n = \frac{\left[n \cdot \dfrac{q}{p}\right]}{\dfrac{q}{p}} = \frac{p}{q}\left[\frac{nq}{p}\right]$$
です。ここでカンを働かせてみてください。$n=p$ とすれば，
$$a_p = \frac{p}{q}\left[\frac{pq}{p}\right] = \frac{p}{q}[q] = \frac{p}{q} \cdot q = p$$
となって，"添え字"と"値"が p で一致しますよね？ ズバリこれが題意を満たす n です。添え字 n を"有理数 c の分母"に合わせればイイんですね。

このように，存在証明では

「カンを働かせて実際に題意を満たすものを見つけてしまう」

のも立派な解答です。この方針を用いる問題はそれほど多くないものの，存在命題を扱う上で大切な方針の1つであるため，必ず心の片隅に留めておいてください。

「結局のところ実際に見つければイイんだよ！」

という精神を持っていないと途端に迷宮入りしてしまう問題もありますからね(☞**CHECK!21**)。

(3)は(1)に続いて再び全称証明です。例の5つの方針のどれを用いましょうか？ 帰納法？ ウ～ン，$n=k$ と $n=k+1$ の結びつきが悪くてイマイチ！ ここは背理法に頼ります。ただし，(1)をしっかり頭に入れておかなければ結構手こずるハメになるかもしれません。

(1)によって $[a_n]$ の値は $[a_n] = n$ or $n-1$ の2通りに限られる保証がなされたわけですから，もしも $[a_n] = n-1$ にならないとすると $[a_n] = n$ となるしかありません。

そして，不等式(イ)を眺めると $[a_n] = n$ となるのは，a_n 自体があるときに限られます。みんな気づきますか？　君達なら大丈夫ですよね？

● 解　答 ●
---

(1) ガウス記号の定義により，実数 x に対して不等式
$$[x] \leq x < [x]+1 \iff x-1 < [x] \leq x$$
が成り立つ。したがって，
$$\frac{nc-1}{c} < a_n = \frac{[nc]}{c} \leq \frac{nc}{c}$$
$$\therefore\ n - \frac{1}{c} < a_n \leq n$$
である。

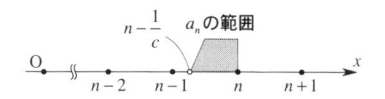

　さて，$c > 1$ であることを考慮すると，$-1 < -\frac{1}{c} < 0$ だから，
$$\therefore\ n-1 < a_n \leq n \qquad \cdots (*)$$
よって，a_n の整数部分である $[a_n]$ は，
$$[a_n] = n \text{ or } n-1$$
に限られる。■

(2) c が，$c > 1$ なる有理数であるとき，
$$c = \frac{q}{p} \quad (p, q \text{ は } 1 \leq p < q \text{ を満たす整数で互いに素})$$
とおくことができて，このとき $n = p$ とすれば，
$$a_p = \frac{[pc]}{c} = \frac{p}{q}[q] = \frac{p}{q} \cdot q = p \qquad [\because\ q \text{ は整数だから } [q] = q]$$
となるので，確かに $[a_n] = n$ となる添え字 n の存在が確認された。■

(3) (1)から一般の n に対して $[a_n] = n$ or $n-1$ だから，$[a_n] \neq n-1$ であるとすると，それは $[a_n] = n$ となるしかない。

　そこで，c が無理数のとき，$[a_m] = m$ となる添え字 $m\ (m = 1, 2, \cdots)$ が存在したとする。このとき，不等式(*)も考慮すると $a_m = m$ に限られるが，（←コレが少々気づきにくい）
$$a_m = \frac{[mc]}{c} = m$$
$$\therefore\ c = \frac{[mc]}{m} \text{（有理数）} \qquad [\because\ m, [mc] \text{ は整数}]$$
となってしまって c が無理数であることに矛盾する。

　したがって，c が無理数のとき，すべての n に対して $[a_n] = n-1$ である。■

Theme2 存在命題の扱い 115

━━━━━ ◆ コメント ◆ ━━━━━

(3)の最後の最後でガウス記号の〈鉄則〉であった

  ③ [x] 自体は整数である。

を用いています。これって当たり前すぎて結構受験生は見落としてしまうんですよね。

> 〈鉄則〉－ガウス記号の注意点－
>
> ガウス記号の解法のうち，「[x] 自体は整数である」という眺め方は盲点になりがちであるから要注意。

この方針だけは特別に意識しておくように。最近の入試問題でもこの眺め方を必要とする問題が出題されていましたからね(☞**CHECK!22**)。

    *   *   *

存在命題の練習として紹介してある☞**CHECK!21**は行列の問題です。行列と聞くと苦手意識を抱く受験生が多いんですけど(僕もあまり好きではない)，

> 〈鉄則〉－行列計算の基本精神－
>
> 行列計算ではなるべく成分導入しないように議論を進めるのが基本。そのための手段として，行列 $A = \begin{pmatrix} a & b \\ c & d \end{pmatrix}$ に対して
> ① ケーリー・ハミルトンの定理の利用。
> $$A^2 - (a+d)A + (ad-bc)E = O$$
> ② 逆行列をもつかもたないかによる場合分け。
> （ⅰ） 逆行列をもつならば A^{-1} を利用する。
> （ⅱ） 逆行列をもたないならば $A^2 = kA$ （k は実数）となることを利用する。
> などを用いるのが代表的。

に倣って，自分の手を動かして計算してみてください。すると，a, b, c, d に関する条件式が $ad - bc = 1$ も含めて2つ得られるハズ。それらを連立させたものが無限個の整数解をもつことを示す部分が山場です。行列などは関係ありません。見た目に騙されて必要以上に怖れないようにしましょう。

☞ CHECK!21

各成分が整数である行列 $A = \begin{pmatrix} a & b \\ c & d \end{pmatrix}$ に対し，$\Delta = ad - bc$ とし，E を単位行列とする。$\Delta = 1, A^3 = E$ を満たす行列 A が無限個あることを示せ。

〔00年信州大学・理系・後期(問題一部省略)〕

☞ CHECK!22

a を正の整数とする。正の実数 x についての方程式

$$(*) \quad x = \left[\frac{1}{2}\left(x + \frac{a}{x}\right)\right]$$

が解をもたないような a を小さい順に並べたものを $a_1, a_2, a_3, \cdots$ とする。ここに $[\ ]$ はガウス記号で，実数 u に対し，$[u]$ は u 以下の最大の整数を表す。

(1) $a = 7, a = 8, a = 9$ の各々について $(*)$ の解があるかどうかを判定し，ある場合は解 x を求めよ。

(2) a_1, a_2 を求めよ。

(3) $\sum_{n=1}^{\infty} \dfrac{1}{a_n}$ を求めよ。

〔10年東京工業大学・前期〕

Theme2-5 【どんどん作り出すアルゴリズムを作ってもOK！】
【例題】

次の条件を満たす組 (x, y, z) を考える。

条件(A)： x, y, z は正の整数で，$x^2 + y^2 + z^2 = xyz$ および $x \leq y \leq z$ を満たす。

以下の問に答えよ。

(1) 条件(A)を満たす組 (x, y, z) で，$y \leq 3$ となるものをすべて求めよ。

(2) 組 (a, b, c) が条件(A)を満たすとする。このとき，組 (b, c, z) が条件(A)を満たすような z が存在することを示せ。

(3) 条件(A)を満たす組 (x, y, z) は，無数に存在することを示せ。

〔06年東京大学・理系・前期〕

先程の☞**CHECK!21**に引き続いて無限の存在証明を扱います。(1)は手早く済ませましょう。因みに，整数問題は

> 〈鉄則〉－整数問題の基本精神－
>
> 整数問題の解法は多岐に渡るが，そのすべては「**様々な角度から眺めて必要性から範囲を絞り，十分性を確認することで答とする**」という姿勢による。しばしば見かける方針として，
>
> ① 約数・倍数関係から候補を絞る。
>
> ② 不等関係から候補を絞る。
>
> が非常に重要。

が〈鉄則〉です。

(2)と(3)はいずれも存在命題。まずは(2)の状況を整理してみます。

最初はやはり**変数と定数の区別**が重要。変数と眺めるべきは x, y, z で，a, b, c は単なる具体的な数値を文字で代表させたに過ぎません。イメージをつかむためにもここは(1)の結果を借りて，

$$a = 3,\ b = 3,\ c = 6\ (3^2 + 3^2 + 6^2 = 3 \cdot 3 \cdot 6\ を満たす)$$

としておきましょう．

そして，これとは別に

$$3^2 + 6^2 + z^2 = 3 \cdot 6 \cdot z\ (3 \leq 6 \leq z) \qquad \cdots\cdots(イ)$$

を満たす整数zがあるのかどうか調べると，

$$(イ) \Leftrightarrow z^2 - 18z + 45 = 0 \Leftrightarrow (z-3)(z-15) = 0$$

ですから，整数 $z = 15$ が(イ)を確かに満たしています．

フム．これを文字のまま一般化して考えます．文字のときは少し勝手が違って，a, b, c に成り立つ等式も明記しておかなければなりません．

$$a^2 + b^2 + c^2 = abc\ (a \leq b \leq c)$$
$$b^2 + c^2 + z^2 = bcz \qquad \cdots\cdots(ロ)$$

の辺々引いてみるのは試行錯誤すれば辿り着くかと．

$$z^2 - a^2 = bc(z - a)$$

$$\Leftrightarrow (z-a)\{z - (bc - a)\} = 0 \quad (\leftarrow 因数に\ (z-a)\ が出てくるのは必然的)$$

となって，どうやら $z = bc - a$ が求めるものらしい．なるほど，存在の〈鉄則〉のうち，

   ③ 題意を満たすものを具体的に明記する．

っぽく処理できるワケです．

ただし，ここで終わってしまっては答案として不十分で，等式(ロ)を満たすこと以外に $b \leq c \leq z$ となっているかの確認も添えておきましょう．

強力な誘導である(2)があるため，(3)も出題者の意図を汲めばそれほど難しいものではありません．先程までの考察を組み合わせれば

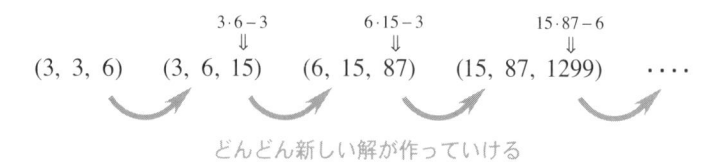

        3·6−3   6·15−3   15·87−6
        ⇓   ⇓   ⇓
  (3, 3, 6) (3, 6, 15) (6, 15, 87) (15, 87, 1299) ····

      どんどん新しい解が作っていける

のように延々新しい解が作り出せますよね．これをうまく表現すれば証明と

なります。

● 解　答 ●

$$x^2 + y^2 + z^2 = xyz \quad \cdots (*)$$
$$1 \leq x \leq y \leq z \quad \cdots ①$$

としておく。

(1) $y \leq 3$ のとき，$y = 1$ or 2 or 3 であり，

ⅰ) $y = 1$ のとき

$$(*) \Leftrightarrow x^2 + 1 + z^2 = xz \Leftrightarrow \left(x - \frac{z}{2}\right)^2 + \frac{3}{4}z^2 + 1 = 0$$

を満たす整数 x, z は存在しない。

ⅱ) $y = 2$ のとき

$$(*) \Leftrightarrow x^2 + 4 + z^2 = 2xz \Leftrightarrow (x-z)^2 + 4 = 0$$

を満たす整数 x, z も存在しない。

ⅲ) $y = 3$ のとき

$$(*) \Leftrightarrow x^2 + 9 + z^2 = 3xz \Leftrightarrow z^2 - 3xz + x^2 + 9 = 0 \quad \cdots (*)'$$

であり，①から $x = 1$ or 2 or 3 に限られる。

ⅲ)-(a)　$x = 1$ ならば，

$$(*)' \Leftrightarrow z^2 - 3z + 10 = 0 \Leftrightarrow \left(z - \frac{3}{2}\right)^2 + \frac{31}{4} = 0$$

これを満たす整数 z も存在しない。

ⅲ)-(b)　$x = 2$ ならば，

$$(*)' \Leftrightarrow z^2 - 6z + 13 = 0 \Leftrightarrow (z-3)^2 + 4 = 0$$

これを満たす整数 z も存在しない。

ⅲ)-(c)　$x = 3$ ならば，

$$(*)' \Leftrightarrow z^2 - 9z + 18 = 0 \Leftrightarrow (z-3)(z-6) = 0$$

$$\therefore (x, y, z) = (3, 3, 3) \text{ or } (3, 3, 6)$$

したがって，以上ⅰ)～ⅲ)より，求める整数解 (x, y, z) の組は

$$\therefore (x, y, z) = (3, 3, 3) \text{ or } (3, 3, 6) \quad \blacksquare$$

(2) $(x, y, z) = (a, b, c)$ が条件(A)を満たす解の1つであるとき，(1)も踏まえると

$$a^2 + b^2 + c^2 = abc \quad \cdots ②$$
$$3 \leq a \leq b \leq c \quad (\leftarrow 3 \leq a \text{ を明示すると④を導くときがラク}) \quad \cdots ③$$

である。そして，(b, c, z) も$(*)$を満たすとすると，

$$b^2 + c^2 + z^2 = bcz \quad \cdots (\star)$$

だから，(☆) − ②をして，
$$z^2 - a^2 = bc(z-a)$$
$$\Leftrightarrow (z-a)\{z-(bc-a)\} = 0$$
さて，この $z = bc - a$ について，
$$(bc-a) - c = (b-1)c - a$$
$$\geq 2c - a \quad [\because ③]$$
$$> 0 \quad [\because ③]$$
より，
$$b \leq c < bc - a \quad (\leftarrow c < bc - a\text{を言うと}(3)\text{がラク}) \quad \cdots ④$$
なる大小関係を満たす。

したがって，$(x, y, z) = (b, c, bc-a)$ は($*$)と①をいずれも満たすから，題意は成立する。■

(3) 整数の列 $\{a_n\}, \{b_n\}, \{c_n\}$ を，漸化式
$$\begin{cases} a_1 = 3, \ b_1 = 3, \ c_1 = 3 \quad (\leftarrow\text{別に } a_1 = 3, \ b_1 = 3, \ c_1 = 6 \text{ でもよい}) \\ a_{n+1} = b_n, \ b_{n+1} = c_n, \ c_{n+1} = b_n c_n - a_n \ (n = 1, 2, \cdots) \end{cases}$$
によって定める。すると，(2)までの議論も踏まえて

すべての自然数nに対して $(x, y, z) = (a_n, b_n, c_n)$ は条件(A)を満たす

ことが帰納的に分かる。

また，④の大小関係を考慮すれば，
$$c_1 < c_2 < \cdots < c_{n-1} < c_n < c_{n+1} < \cdots$$
だから，整数の組 $(a_n, b_n, c_n) \ (n = 1, 2, \cdots)$ は1つとして同じものになることはない。

したがって，上記の漸化式によって，条件(A)を満たす整数の組
$$(x, y, z) = (a_n, b_n, c_n) \ (n = 1, 2, \cdots)$$
が無限に得られる。■

― ● 別 解 ● ―

(2) 〜ズバッと解を提示する書き方〜　(②，③までは解答と同じ)

さて，ここで整数の組 $(x, y, z) = (b, c, bc-a)$ を考える。
$$b^2 + c^2 + (bc-a)^2 - bc(bc-a) = b^2 + c^2 + b^2c^2 - 2abc + a^2 - b^2c^2 + abc$$
$$= a^2 + b^2 + c^2 - abc = 0 \quad [\because ②]$$
であるから($*$)を満たす。

また，③を考慮すると不等式 $c < bc - a$ も確認されるから，$z = bc - a$ が所望の整数 z である。■

(3) 〜最大性を仮定して矛盾を導く表現方法〜

　条件(A)を満たす整数の組が有限個しかないものとする。そのうち z が最大である組を $(x, y, z) = (\alpha, \beta, \gamma)$（$\alpha, \beta, \gamma$ は正の整数）としておく。

　このとき，(2)により整数の組 $(\beta, \gamma, \beta\gamma - \alpha)$ は条件(A)を満たすが，不等式④も考えると，$\gamma < \beta\gamma - \alpha$ となって γ の最大性に反し矛盾。

　したがって，条件(A)を満たす整数の組は無限に存在する。■

◆ コメント ◆

(1)を丁寧に解くと結構ダラダラしてしまいましたね(笑)。もっと簡潔にまとめる方法もあるんでしょうけど，素朴な解答にしておきました。

(2)と(3)は一応2通りの書き方を紹介しましたが，本質的には同じモノです。自分の好みに合わせて答案を完成させてください。

　　　　　＊　　　　　＊　　　　　＊

「解が無限個存在する」ことを示す問題においては，

　　　「どんどん新しいモノを生み出すアルゴリズムを作成する」

のが常套手段で，☞CHECK!21のように具体的に無限個の解を提示するよりもむしろこちらの方が重要と言えます。下の問題でも，(1)の等式を利用して新しい解を作るアルゴリズムを作ってみてください。

☞CHECK!23

(1) 等式 $(x^2 - ny^2)(z^2 - nt^2) = (xz + nyt)^2 - n(xt + yz)^2$ を示せ。

(2) $x^2 - 2y^2 = -1$ の自然数解 (x, y) は無限組であることを示し，$x > 100$ となる解を1組求めよ。

〔98年お茶の水女子大学・理系・後期〕

Theme2-6 【「整式がこのように書ける」は概して難しい】
======【例題】======

(1) $g(x)$ を整式，$h(x)$ を2次式とし，$f(x) = g(h(x))$ とおく。このとき，関数 $y = f(x)$ のグラフは y 軸または y 軸に平行なある直線に関して対称であることを示せ。

(2) $f(x)$ は整式で，関数 $y = f(x)$ のグラフは y 軸または y 軸に平行なある直線に関して対称であるとする。このとき，$f(x)$ は，ある整式 $g(x)$ とある2次式 $h(x)$ を用いて $f(x) = g(h(x))$ と書けることを示せ。

〔90年大阪大学・理系・前期〕

問題文を一読して何をすればよいのかサッパリお手上げな人も多いかと。タイトルにも記したように，「整式が○○のように書けることを示せ」ってタイプの問題は難しいことが多いんですよね。特に一般の n 次式になると

「類題の経験がないと絶対に無理！！」

と言えるほど。最近ではこういった知識偏重と見受けられる整式の問題はめっきり出題されなくなりましたが，

問 $f(x) = x^4 + ax^3 + bx^2 + cx + d$ とおく。関数 $y = f(x)$ のグラフが y 軸と平行なある直線に関して対称であるとする。このとき，

(1) a, b, c, d が満たす関係式を求めよ。

(2) 関数 $f(x)$ は2つの2次関数の合成関数になっていることを示せ。

〔06年京都府立医科大学・前期〕

のように，有限の次数に限っていまだに出題されたりするため，一度は経験してもらおうと思って選出するに至りました。

まずは(1)からゆっくり考えていくことにしましょう。いきなり一般の次数 n だと圧倒されてしまうので，$g(x)$ を2次式の $g(x) = x^2 + x$ とでもしましょうか。そして，$h(x)$ を適当に $h(x) = x^2 - 2x - 3$ とします。このとき $f(x)$ は

$$f(x) = g(h(x)) = (x^2 - 2x - 3)^2 + (x^2 - 2x - 3)$$
$$= x^4 - 4x^3 - x^2 + 10x + 6$$

となり，微分してグラフを描いてみると……

$$f'(x) = 4x^3 - 12x^2 - 2x + 10$$
$$= 4(x-1)\left\{x - \left(1 - \frac{\sqrt{14}}{2}\right)\right\}\left\{x - \left(1 + \frac{\sqrt{14}}{2}\right)\right\}$$

x	…	$1 - \frac{\sqrt{14}}{2}$	…	1	…	$1 + \frac{\sqrt{14}}{2}$	…
$f'(x)$	−	0	+	0	−	0	+
$f(x)$	↘		↗	12	↘		↗

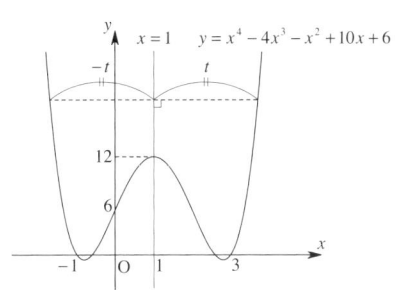

となって，どうやら確かに $x=1$ を対称軸にもちそうです。

これが一般の整式 $g(x)$ であっても成り立つらしいんですがどうしましょう？恐らくみんなの頭を悩ますのは「対称軸をもつ」をどう表現するかで，一般の $2n$ 次関数だと，$y=f(x)$ を微分してグラフを描くわけにはいきません。

そこで，Theme1-6 で述べたことを思い出してください。上の具体例である $y=f(x)=x^4-4x^3-x^2+10x+6$ はどんな図形ですかね？

「$x=1$ を対称軸にもつ 4 次関数！」

と答えた人はまだまだ本書のアマチュア(笑)。ここは，

「$y=x^4-4x^3-x^2+10x+6$ を満たす点 (x, y) の集合」

と答えて欲しいところ。こういった眺め方を踏まえて「$x=1$ を対称軸にもつ」を言い換えると

「2 点 $(1-t, f(1-t))$ と $(1+t, f(1+t))$ の高さが t によらず等しい」

となりますよね？　すなわち一般化すると，

「関数 $y=f(x)$ が $x=a$ を対称軸にもつ」

⇔　「$f(a-t) = f(a+t)$ がすべての実数 t に対して成り立つ」

と言えるんですね。

因みに，$a-t=x$ とおくことにすれば，
$$f(x) = f(2a-x) \ (\text{for}\ {}^\forall x \in R)$$
となって，グラフの対称移動

〈鉄則〉－グラフの変換－

陰関数表示された $f(x, y)=0$ のグラフの移動は次の通り。

① x 軸正方向に p，y 軸正方向に q 平行移動
$$f(x-p, y-q) = 0$$

② 対称移動

（ア） $x=a$ に関して線対称移動　　$f(2a-x, y)=0$

（イ） $y=b$ に関して線対称移動　　$f(x, 2b-y)=0$

（ウ） 点 (a, b) に関して点対称移動　　$f(2a-x, 2b-y)=0$

③ x 軸方向に m 倍，y 軸方向に n 倍拡大(縮小)変換(ただし，$mn \neq 0$)
$$f\left(\frac{x}{m}, \frac{y}{n}\right) = 0$$

以上はすべて証明できるようになっておくのが望ましい。

に関連することがよく分かります。

あとは対称軸の方程式さえ分かればなんとかなりそうなんですけど，その見当はつきますかね？　具体例
$$g(x)=x^2+x,\ h(x)=x^2-2x-3\ \text{のとき}\ y=f(x)\ \text{の対称軸は}\ x=1$$
から何かピンときませんか？　この続きは解答に委ねますが，各自少し考えてから解答を見るようにしてくださいね。

さて，いよいよ本題の(2)にとりかかります。間違っても

「(1)の逆を辿れば確かに成立する」

などと誤魔化してはなりません。**きちんと出発点と目標点を見定めて議論を進めていく**ことにしましょう。

出発点は一般の整式 $f(x)$ ですから，

$$f(x) = a_n x^n + a_{n-1} x^{n-1} + \cdots + a_1 x + a_0 \quad (a_i は実数で a_n \neq 0)$$

と書けることから出発します．条件を立式すると，対称軸を $x = p$ として，

$$f(p-t) = f(p+t) \text{ が任意の実数} t \text{に対して成り立つ} \quad \cdots (イ)$$

ですよね？　具体的には

$$a_n(p-t)^n + a_{n-1}(p-t)^{n-1} + \cdots + a_0 = a_n(p+t)^n + a_{n-1}(p+t)^{n-1} + \cdots + a_0$$

が t の恒等式になり，これを展開しようとするのが素朴な発想でしょう．

しかし，実際に展開計算するとかなり面倒なことになるため，

「対称軸が y 軸に重なるように $y = f(x)$ を平行移動した関数を考える」

テクニックを新しく身につけてもらいます．この "平行移動" の発想が自力では思いつきづらく，「この問題は経験がないとちょっと無理かも」と僕に言わしめる理由の1つです．

「対称軸をもつ関数はその軸が y 軸に重なるように平行移動して考える」

のは1つの知識として解法の引き出しに入れておくのがよいでしょう．

これに従って $F(x) = f(x + p)$ とした関数を考えれば，

$$F(-t) = f(-t + p) = f(t + p) \quad [\because (イ)]$$
$$= F(t) \ (\text{for } {}^\forall t \in R)$$

ですから，これを延長すれば

$$F(x) = b_n x^n + b_{n-1} x^{n-1} + \cdots + b_1 x + b_0 \quad (b_i は実数で b_n \neq 0)$$

の奇数次の係数が0となることが保証されます．すなわち

$$F(x) = b_{2m} x^{2m} + b_{2m-2} x^{2m-2} + \cdots + b_2 x^2 + b_0$$

の形をしているハズです．つまり，

$$g(x) = b_{2m} x^m + b_{2m-2} x^{m-1} + \cdots + b_2 x + b_0$$

としたとき，$F(x) = g(x^2)$ の形をしていることが分かります．この続きはもう大丈夫でしょう．

振り返ってみると，本問の解答は存在証明の 〈**鉄則**〉 のうち

　　　③　具体例を明記するか，もしくは作り方を提示する．

に近い証明方法だと言えそうですね．

● 解 答 ●

(1) 便宜的に2次関数 $h(x)$ を $h(x) = ax^2 - 2bx + c$ $(a \neq 0)$ とし，$b' = \dfrac{b}{a}$ としておく(a, b, c は定数)。

このとき，$h(x) = a(x-b')^2 - ab'^2 + c$ であるが，$f(x)$ の定義を用いると，

$$\begin{aligned}
f(b'-t) &= g(h(b'-t)) \\
&= g\big(a\{(b'-t)-b'\}^2 - ab'^2 + c\big) \\
&= g\big(a\{(b'+t)-b'\}^2 - ab'^2 + c\big) \quad [\because \{(b'-t)-b'\}^2 = t^2 = \{(b'+t)-b'\}^2] \\
&= g(h(b'+t)) = f(b'+t)
\end{aligned}$$

が任意の実数 t に対して成り立つので，関数 $y = f(x)$ は直線 $x = b'(= \dfrac{b}{a})$ に関して対称であることが示された。■

(2) 整式 $f(x)$ が 0 次式，つまり $y = f(x)$ が定数関数のときは，

$$g(x) = r \ (r \text{ は定数}), \ h(x) \text{ は任意の 2 次関数}$$

とできるので，確かに題意は正しい。(←別に0次を分けずとも入試では減点されないかも)

以下，$y = f(x)$ が1次以上の n $(n \geq 1)$ 次のときについて考察する。関数 $y = f(x)$ の対称軸を $x = p$ (p は定数)としておく。

$y = f(x)$ が直線 $x = p$ に関して対称なのだから，

$$f(p-t) = f(p+t) \text{ が任意の実数 } t \text{ に対して成り立つ} \quad \cdots (*)$$

であり，新たに関数 $F(x)$ を $F(x) = f(x+p)$ で定める。

このとき，$(*)$ により

$$F(-t) = f(-t+p) = f(t+p) = F(t) \text{ が任意の実数 } t \text{ で成り立つ}$$

ことが保証され，

$$F(x) = b_n x^n + b_{n-1} x^{n-1} + \cdots + b_1 x + b_0 \ (b_i \text{ は実数で } b_n \neq 0)$$

とおくことにすれば，

$$b_n(-t)^n + b_{n-1}(-t)^{n-1} + \cdots + b_1(-t) + b_0 = b_n t^n + b_{n-1} t^{n-1} + \cdots + b_1 t + b_0$$

$$\Leftrightarrow b_n\{t^n - (-t)^n\} + b_{n-1}\{t^{n-1} - (-t)^{n-1}\} + \cdots + 2b_3 t^3 + 2b_1 t = 0$$

が t の恒等式となるのは，

最高次 n は偶数で，すべての奇数 i に対して係数 b_i が 0 になる

ときに限られる。

したがって，改めて関数 $F(x)$ は

$$F(x) = b_{2m} x^{2m} + b_{2m-2} x^{2m-2} + \cdots + b_2 x^2 + b_0 \ (m \text{ は正の整数})$$

と書くことができて，

$$g(x) = b_{2m} x^m + b_{2m-2} x^{m-1} + \cdots + b_2 x + b_0$$

$$h(x) = (x-p)^2$$

と整式 $g(x)$ と2次式 $h(x)$ を定めることにすれば，

$$\begin{aligned}
f(x) &= F(x-p) \\
&= b_{2m}\{(x-p)^2\}^m + b_{2m-2}\{(x-p)^2\}^{m-1} + \cdots + b_2(x-p)^2 + b_0 \\
&= g(h(x))
\end{aligned}$$

だから，確かに題意のような $g(x)$, $h(x)$ の存在が示された。■

◆ コメント ◆

解説の段階では黙っていたんですけど，よくよく考えてみれば，本問は

n の離散全称かつ t の連続全称でそれでいて整式の存在命題

ですよね？ それ故，

「全称系と見るのか存在系と見るのかも解けるかどうかの鍵を握る」

と言えます。

ただ，残念なことに"全称と存在の合わせ技"をどちらのタイプとして眺めるかに明確な基準はなく，1つ1つの問題を地道に潰していくしかありません。各論編 *Theme4* でも何問か扱いますから，焦らずゆっくりできるようになっていってください。

*　　　　　　　*　　　　　　　*

次の ☞ ***CHECK!24*** は例題よりも厄介かもしれません。初めの第一歩をうまく考えないと泥沼の議論になります。そこで，手助けになるかどうか分かりませんがヒントを1つ。

〈鉄則〉－整数や整式の形に関する証明問題－

　　整数や整式において「○○のように書けることを示せ」の指定があるときは，**合法・非合法の区別をしっかりとつけつつ結論の形を初手から利用する**のが有効。

を参考に，整式 $g(x)$ のおき方を工夫してみてください。かなりの難問ですが，アレコレ考える価値はあります。ただし，極めて難しい問題であることは間違いないので，解けなくても気を落とさずにしっかり解答を理解しておくよ

うにしましょう。

☞ **CHECK!24**

2以上の自然数kに対して$f_k(x) = x^k - kx + k - 1$とおく。このとき，次のことを証明せよ。

(1) n次多項式$g(x)$が$(x-1)^2$で割り切れるためには，$g(x)$が定数$a_2, a_3, \cdots, a_n$を用いて，$g(x) = \sum_{k=2}^{n} a_k f_k(x)$の形に表されることが必要十分である。

(2) n次多項式$g(x)$が$(x-1)^3$で割り切れるためには，$g(x)$が関係式$\sum_{k=2}^{n} \frac{k(k-1)}{2} a_k = 0$を満たす定数$a_2, a_3, \cdots, a_n$を用いて，$g(x) = \sum_{k=2}^{n} a_k f_k(x)$の形に表されることが必要十分である。

〔84年東京大学・理系〕

Theme2-7 【存在肯定での背理法は意外に盲点？】

━━━━━━━━━━━【例題】━━━━━━━━━━━

$\{a_n\}$ を正の数からなる数列とし，p を正の実数とする。このとき
$$a_{n+1} > \frac{1}{2}a_n - p$$
を満たす番号 n が存在することを証明せよ。

〔03年京都大学・理系・後期〕

あまりにもサッパリした問題文で，本当に題意が成り立つのか不安になってしまうくらいの条件の少なさです。これほど単純な設定で受験生を悩ますことができるのは京都大学をおいて他にないと言えるでしょう。

数列 $\{a_n\}$ は単に"正数列"ということしか分かっていません。どこから手をつければよいのか悩みますが，このようなときはやはり"背理法"が威力を発揮します。"部屋割り論法"にしろ"中間値の定理"にしろ，ある程度具体的な設定がなければ話が進まないからです。

━━━━━━━━━● 解 答 ●━━━━━━━━━

n は自然数であるとして議論を進めることにする。
すべての自然数 n に対して
$$a_{n+1} \leq \frac{1}{2}a_n - p \qquad \cdots(*)$$
であるとすると，
$$(*) \Leftrightarrow a_{n+1} + 2p \leq \frac{1}{2}(a_n + 2p) \quad (n=1, 2, \cdots)$$
であって，この不等式を繰り返し用いると，$n \geq 2$ なる自然数 n において
$$a_n \leq -2p + \left(\frac{1}{2}\right)^{n-1}(a_1 + 2p) \quad (n=2, 3, \cdots)$$
が成り立つことになるが，$a_1 + 2p$ の値によらず $\lim_{n \to \infty}\left(\frac{1}{2}\right)^{n-1}(a_1+2p) = 0$ であることと，p が正の実数であることを考慮すると，十分大きな N に対して $\left(\frac{1}{2}\right)^{N-1}(a_1+2p) < 2p$ となってしまう。この N に対しては
$$a_N \leq -2p + \left(\frac{1}{2}\right)^{N-1}(a_1+2p) < 0$$
だが，これは数列 $\{a_n\}$ が正の数列であることに矛盾する。

したがって，題意のような番号 n の存在が示された。■

◆ コメント ◆

存在命題を扱う上で"部屋割り論法"や"中間値の定理"を知ってしまった受験生は，得てして

　　④　背理法の利用。

が頭からポロッと抜け落ちてしまいます。本問は決して難しい部類に属するとは言えませんが，**素朴な発想や基本に立ち返ることの重要性**を教えてくれるイイ問題だと言えるのではないでしょうか。

また，冒頭で「nを自然数として議論を進める」と宣言したのは，問題文にnの断り書きがないためです。京大入試では稀にこういった但し書きが抜けることがあり，そういったときは慣例的に妥当なものを選んで解答を進めましょう。

　　　　　　　　　＊　　　　　　　＊　　　　　　　＊

例題のように「○○となるものが存在することを示せ」と表現されると，背理法を連想しづらいんですけど，次のような問題文だと背理法が第一に頭に思い浮かぶことでしょう。

> **問**　a, b, c を実数とし，$abc \neq 0$ とする。3つの2次方程式
> $$ax^2 + 2bx + c = 0,\ bx^2 + 2cx + a = 0,\ cx^2 + 2ax + b = 0$$
> のうち，少なくとも1つは実数解をもつことを証明せよ。

それもこれも，

　　「『少なくとも1つ○○』は背理法や対偶法と結びつきが強い」

と学校や予備校で繰り返し強調されるからです。

でも，「○○となるものが存在する」だろうと「少なくとも1つ○○となる」だろうと「ある○○に対して△△となる」だろうと「うまくすれば○○のように書ける」だろうとすべて存在命題の範疇です。みんなも

　　　　問題文の表現方法に騙されず，しっかり本質を見抜く力

を養ってくださいね。

問の解答

3つの判別式を前から順に D_1, D_2, D_3 とし，いずれも実数解をもたないとする。このとき，

$$\frac{D_1}{4} = b^2 - ca, \quad \frac{D_2}{4} = c^2 - ab, \quad \frac{D_3}{4} = a^2 - bc$$

であって，$D_1 < 0, D_2 < 0, D_3 < 0$ である。

ところが，先程の3式の辺々を加えると，

$$\frac{D_1}{4} + \frac{D_2}{4} + \frac{D_3}{4} = a^2 + b^2 + c^2 - bc - ca - ab$$
$$= \frac{1}{2}\{(b-c)^2 + (c-a)^2 + (a-b)^2\}$$
$$\geqq 0 \quad [\because a, b, c \text{ は実数}]$$

が成り立つはずだが，$D_1 < 0, D_2 < 0, D_3 < 0$ のときこれは成立せず不合理。

したがって，$ax^2 + 2bx + c = 0, bx^2 + 2cx + a = 0, cx^2 + 2ax + b = 0$ のうち少なくとも1つは実数解をもつ。 ∎

次の問題は一昔前の出題からか，昨今の京大入試とは違って強力な誘導がついています。この恩恵に与って(あずかって)サラリと証明してください。

☞ CHECK!25

(1) m, n を2つの正整数とする。$\cos m°, \sin m°, \cos n°, \sin n°$ のすべてが有理数であるとき，$\cos(m+n)°, \sin(m+n)°$ はともに有理数であることを示せ。

(2) n は60の約数とする。このとき，$\cos n°$ と $\sin n°$ のうち，少なくとも一方は無理数であることを示せ。

〔97年京都大学・文系・後期〕

Theme2-8 【"存在"が条件にある問題は珍しい】

==========【例題】==========

a, b, c, d を正の数とする。不等式
$$\begin{cases} s(1-a) - tb > 0 \\ -sc + t(1-d) > 0 \end{cases}$$
を同時に満たす正の数 s, t があるとき，2次方程式 $x^2 - (a+d)x + (ad-bc) = 0$ は $-1 < x < 1$ の範囲に異なる2つの実数解をもつことを示せ。

〔96年東京大学・共通・前期〕

$Theme2$ の最後の問題は，全称命題のときと同じように少し注意を喚起するための問題を。本問の構造は

「○○となる s, t が存在するならば」

「△△を満たす実数解 x が存在する」

であり，条件も結論もいずれも"存在"です。示すべき内容が"存在"に関連するため，確かに本問も存在の問題と言えるんですが，**「条件が存在で表現されている」のと「存在を示す」のは全くの別物**と思っておいてください。

例えば次の問題を考えてみましょう。

> 問　行列 $A = \begin{pmatrix} 1 & 2 \\ 3 & a \end{pmatrix}$ が表す一次変換を f とする。合成変換 $f \circ f$ によって自分自身に移る点が原点以外にも存在するとき，a の値を定めよ。

確かにこれも条件に存在が含まれています。しかし，コレを題材に「存在命題の〈鉄則〉は何だった？」と授業する気にはなれないんですよね。状況を立式していくだけの普通の問題として僕はとらえています。というのも，**条件が"存在"で表現されている問に対する確立した眺め方が特にない**ため，問題に応じて適宜考えていかなければならないからです。僕が"存在命題"と呼称するときは，それは**「示すべき内容が存在証明のとき」**だと思ってお

いてください(問の答は $a=2$。A^2-E が逆行列をもたないようにする)。

さて，具体的に例題を考えていくことにします。結論の方は"2次方程式の解の配置問題"ですから，例のごとく

〈鉄則〉－解の配置問題のグラフを利用した解法－

$f(x) = ax^2 + bx + c \ (a \neq 0)$ としたとき，$f(x) = 0$ の解について，

[Ⅰ] まず，a の正負，つまり**下に凸か上に凸かに分ける**。

[Ⅱ] 以下，$a > 0$ (下に凸)の場合のみにおいて($a < 0$ は各自考察)，

① 区間 $p < x < q$ に2解(重解含む)をもつ。

$$\begin{cases} 軸条件：p < -\dfrac{b}{2a} < q \\ 実数解条件：D = b^2 - 4ac \geq 0 \\ 端点条件：f(p) > 0 \ \text{かつ} \ f(q) > 0 \end{cases}$$

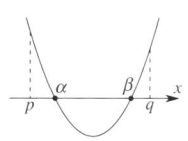

② 区間 $p < x < q$ に重解でないただ1つの解をもつ。

次の2つの場合に分かれる。

（ⅰ） $x = p$ or q を解にもたないとき

$f(p)$ と $f(q)$ が異符号 $\Leftrightarrow$ $f(p)f(q) < 0$

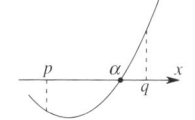

（ⅱ） $x = p$ か $x = q$ が $f(x) = 0$ の解の1つのとき

残りの解を λ (ラムダ)とすると，λ は具体的に求まるので，

$p < \lambda < q$ (かつ $f(p)f(q) = 0$)

のように処理する。

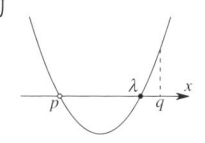

に持ち込むことになります。

しかし，厄介なのは出発点の方で，

「不等式 $s(1-a) - tb > 0, \ -sc + t(1-d) > 0$ を
同時に満たす正の数 s, t が存在する」 ‥‥(イ)

をどのように扱うか手をこまねいてしまいそうです。

そこで，まずはこの条件が一体何の文字を限定するものなのかはっきりさせましょう。$Theme$1-11で登場した条件

「$\beta - 1 < \left(\dfrac{\alpha}{\beta}\right)^n (\alpha - 1)$ がすべての自然数nで成り立つ」

を思い出してください。これは，

文字nではなく，α, βのみにかかる条件

でしたよね？　本問の条件(イ)もコレと同じで，

「(イ)はa, b, c, d に対する条件だからs, tを用いずに表現可能」

なハズですね。ですからこれが最初の目標になります。

そして与えられた数式をよく観察しましょう。見抜きづらいんですけど

$s(1-a) - tb > 0, \; -sc + t(1-d) > 0$ はいずれもs, tの同次式

ですから，$\dfrac{t}{s}$をカタマリに見て話を進めていけそうです。この同次式を自力で見抜けた人はしっかり復習しているおりこうさんです(笑)。

● 解　答 ●

$$s(1-a) - tb > 0 \quad \cdots\text{①}$$
$$-sc + t(1-d) > 0 \quad \cdots\text{②}$$

としておく。

①かつ②を満たす正の数 s, t が存在するとき，$s > 0$なので，

$$\text{①} \Leftrightarrow 1 - a > b \cdot \dfrac{t}{s} \quad \cdots\text{①}'$$
$$\text{②} \Leftrightarrow (1-d) \cdot \dfrac{t}{s} > c \quad \cdots\text{②}'$$

であるが，b, c, s, t が正の数である以上，これらの式の形から $1 - a > 0, 1 - d > 0$ でなければならない。

したがって，a, b, c, d が元々正の数であることと合わせると，

$$0 < a < 1, \; 0 < b, \; 0 < c, \; 0 < d < 1 \quad \cdots\text{③}$$

である。

さて，③が成り立つ保証のもとでは

$$\text{①}' \Leftrightarrow \dfrac{t}{s} < \dfrac{1-a}{b} \quad [\because b > 0] \quad \cdots\text{①}''$$
$$\text{②}' \Leftrightarrow \dfrac{c}{1-d} < \dfrac{t}{s} \quad [\because 1-d > 0] \quad \cdots\text{②}''$$

とできて，①″かつ②″を満たす正の数 s, t が存在するためには，

Theme2　存在命題の扱い　135

$$\frac{c}{1-d} < \frac{1-a}{b}$$
$$\Leftrightarrow (1-a)(1-d) - bc > 0$$
$$\Leftrightarrow 1-(a+d)+(ad-bc) > 0 \quad \cdots ④$$

となることが必要十分。

　以上のことを合わせると

　　　　「①かつ②を満たす正の数 s, t が存在する」　⇔　「③かつ④」

と言える。

　さて，$f(x) = x^2 - (a+d)x + (ad-bc)$ によって関数 $f(x)$ を定義し，2次方程式 $f(x) = 0$ の判別式を D とすると，

$$y = f(x) \text{ の軸}: 0 < \frac{a+d}{2} < 1 \quad [\because ③]$$
$$D = (a+d)^2 - 4(ad-bc) = (a-d)^2 + 4bc > 0 \quad [\because ③]$$
$$f(1) = 1 - (a+d) + (ad-bc) > 0 \quad [\because ④]$$
$$f(-1) = 1 + (a+d) + (ad-bc)$$
$$> 1 - (a+d) + (ad-bc) \quad [\because ③]$$
$$> 0 \quad [\because ④]$$

となって，$y = f(x)$ のグラフは右図のようになるから，確かに2次方程式 $x^2 - (a+d)x + (ad-bc) = 0$ は $-1 < x < 1$ に異なる2つの実数解をもつ。■

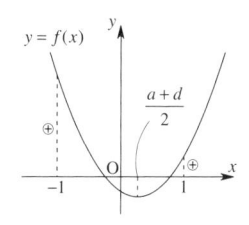

◆ コメント ◆

　サブタイトルにも挙げたように，「○○が存在するならば，△△となる」などの問題は珍しく，扱い方も問題に応じてマチマチなんですよね。本問も解答を理解するだけならそれほど難しくないものの，自力で解こうとすると手が止まってしまう受験生も多いかと。

　ですから，本問がここで解けずとも気に病むことはありません。ただし，**「存在が条件に与えられている問題は，『存在を示す』こととは全く別物である」** という区別はこれからもしっかり意識するようにしてください。

　さて話は変わって，もう1つだけ補足しておきます。

　与えられた条件式や2次方程式 $x^2 - (a+d)x + (ad-bc) = 0$ の形から

　　　　　　「行列表現を用いてうまく解答できないか？」

と考えた人も少なくないでしょう。

行列 $A = \begin{pmatrix} a & b \\ c & d \end{pmatrix}$ (a, b, c, d は正の数)に対して

$$(E-A)\begin{pmatrix} s \\ t \end{pmatrix} = \begin{pmatrix} 1-a & -b \\ -c & 1-d \end{pmatrix}\begin{pmatrix} s \\ t \end{pmatrix} = \begin{pmatrix} (1-a)s - bt \\ -cs + (1-d)t \end{pmatrix}$$

となることから，なにやら怪しいニオイを感じとってしまうワケですね。

しかも，方程式 $k^2 - (a+d)k + (ad-bc) = 0$ の方は(文字は $x \mapsto k$ に変更)，

$$A\begin{pmatrix} x \\ y \end{pmatrix} = k\begin{pmatrix} x \\ y \end{pmatrix} \Leftrightarrow (kE-A)\begin{pmatrix} x \\ y \end{pmatrix} = O \Leftrightarrow \begin{pmatrix} k-a & -b \\ -c & k-d \end{pmatrix}\begin{pmatrix} x \\ y \end{pmatrix} = O$$

から"一次変換 A の固有方程式"と呼ばれるもので，ますます

行列・一次変換導入による華麗な解法

が疑わしくなります。

　でも，僕が思いつかないだけなのか，ここから先どうにもこうにも議論が進まないんですよね。言葉に直して本問を解釈すると，

「一次変換 $E-A$ によって第1象限内に移されるような，第1象限の点 (s, t) が存在するとき，一次変換 A は絶対値が1未満の相異なる2つの固有値をもつ」

となるんですが，コレをうまく図形的に示す手段がないため，結局は素朴に数式で処理する方法が唯一の解法となるワケです。

　言葉で解釈して何か意義を読み込めないかと模索することは非常に重要な姿勢で，$\mathcal{T}heme$1-2 でも強力な武器となりました。ただし，**議論が進みそうにない場合にいつまでもそれに囚われるのは感心できません。**どうにもうまくいきそうにないと感じたら，

〈鉄則〉－入試数学の取り組み方－

　受験生全員に平等に与えられているのは問題文のみである。そこから個々人が，非合法な式変形をすることによって問題が解答不能になったり，無目的な式変形をしたりすることによって本質が見えづらくなってしまう。**解法に行き詰まってしまったら，大元の式に立ち返るのも超重要！**

を思い出し，一旦リセットして考える勇気ももつようにしてください。

……あ！　忘れてた！　やっぱりもう1個。

Theme1-2で「**2変数（またはそれ以上）の文字に対する全称命題では証明問題であっても求値問題であっても領域を導入して考えるのが超強力な武器**」と言ったため，本問でも領域の導入を疑った人もいるでしょう。ただし，さすがに a, b, c, d の4条件の領域は四次元超空間のお話になるため，現実的ではないと判断して本問では却下となります。でも，領域導入がチラッとでも頭をよぎった人は僕としては褒めてあげようと思います。

＊　　　　　＊　　　　　＊

それにしても，**ある1つの姿勢が極めて有効だったり，逆に自ら墓穴を掘ることのきっかけになってしまったりするのは，入試科目では数学だけだ**と言えるでしょう。

何気なく初めに選んだ解法が模範解答通りのものだったら一本道なのに，出題者の罠にハマったり，自ら脇道に突き進んでしまうともう戻って来れない。こういった危険性を孕むが故に「数学はそのときの運次第やん！」といったイメージが受験生の中で拭えないんだと思います。

でもね，長いこと受験数学に携わってきた立場からモノを言わせてもらうと，経験を積めば，どんなに難しい試験でも，どんなに調子が悪くてもある程度のラインはキープできるようになってくるんですよね。

こういった安定感を実現するためには，普段の勉強のときに

① 目の前の問題をカテゴライズする力を養う。
② その各々に対して何通りかの解法を押さえておく。

を強く意識して取り組み，試験中は

③ 一度や二度は途中で行き詰まったりするのはアタリマエと謙虚に考える。
④ 計算ミスは思った以上に命取りになる。　（←僕のように(笑)）

ということを念頭におきつつ時間を使うのが大切なんではないでしょうか。

因みに，このテーマに関しては特に類題を思いつかないので，☞**CHECK!** はナシの方向で(笑)。

～Theme2のおわりに～

　本章の冒頭でも述べたように，$\mathcal{T}heme_2$で紹介した"存在命題"は入試数学を掌握する上で避けては通れない関門と言えます。

　しかも，ここに紹介したものは序の口で，まだまだ身につけるべきタイプの問題はたくさん残っています。各論編の最終章までで網羅する予定ですが，さしあたっては存在命題の基本精神が

　　① ディリクレの部屋割り。

　　②&③ 実数解条件への帰着または具体的な解の提示。

　　④ 背理法。

であることをしっかりと刻みつけるように。本書以外の問題集に取り組む際にも，存在命題が出てきたときにはこれらを思い浮かべて使いこなせるように訓練しましょう。

　因みに，題材の種類の観点から存在命題を分類すると，

　　　　　　　方程式の解の存在命題

　　　　　　　図形の存在命題

　　　　　　　離散項目の存在命題

　　　　　　　整数・整式の存在命題

　　　　　　　その他自然現象の存在命題

などがありますが，これらのすべてに上記の①～④は適用される可能性があります。先入観に囚われることなく柔軟に対処できるように頑張りましょう。

付録

☞ **CHECK!** の解答

足腰の鍛錬のために

☞ CHECK!1

(1) $0 < t < 1$ のとき，不等式 $\dfrac{\log t}{2} < -\dfrac{1-t}{1+t}$ が成り立つことを示せ．

(2) k を正の定数とする．$a > 0$ とし，曲線 $C : y = e^{kx}$ 上の2点 $P(a, e^{ka})$, $Q(-a, e^{-ka})$ を考える．このとき P における C の接線と Q における C の接線の交点の x 座標は常に正であることを示せ．

〔03年大阪大学・理系・前期〕

[考え方]

 自然に考えれば(2)の途中までは一本道です．ただし，注意事項があって，本問では素直に「$f(t)$ =(右辺)−(左辺)」とした関数を考えればよいものの，一般に"指数・対数関数"が絡んだ不等式を証明する際は，

> 〈鉄則〉−微分する関数の選択−
>
> 　不等式の証明をする際，関数として処理する方針で取り組むときは，どの形の(左辺)−(右辺)を $f(x)$ とおくかで途中の計算量が随分と変わってくることを肝に銘じておく．言い換えると，ある形の関数では計算が進まなくとも，別の形ならば証明可能であることも少なくない．
> 　特に，指数・対数関数や分数関数が絡んだときにこの傾向が強い．

と言えます．

 本問でも，「分数関数の微分はやりたくないなぁ」と感じて，分母を払った
$$g(t) = -2(1-t) - (1+t)\log t$$
の微分を行うと，
$$g'(t) = 2 - \log t - \dfrac{1+t}{t} = 1 - \dfrac{1}{t} - \log t$$
$$g''(t) = \dfrac{1}{t^2} - \dfrac{1}{t} = \dfrac{1-t}{t^2}$$
のように，2階微分までしなければ正体は見えてきません．微分する関数の形が何通りか考えられるようなときは，色々と試行錯誤するようにしましょう．

 (2)で，交点の x 座標が求まってからはきっとみんなの手が止まることかと．x 座標の形が結構煩雑なものになるんですね．そういったときは必ず**誘導の意義を考える**ようにしてください．きっと何かが見えてくるハズです．

[解　答]

(1) 　　　　　$f(t) = -\dfrac{1-t}{1+t} - \dfrac{\log t}{2}$ $(0 < t < 1)$

とおく．
$$f'(t) = -\dfrac{-(1+t)-(1-t)}{(1+t)^2} - \dfrac{1}{2t} = -\dfrac{(1-t)^2}{2t(1+t)^2} < 0 \quad [\because 0 < t < 1]$$

より，$f(t)$ は $0 < t < 1$ で単調減少．

☞CHECK! の解答　141

$$\therefore f(t) > f(1) = 0$$

だから，$0 < t < 1$ なるすべての t で

$$\frac{\log t}{2} < -\frac{1-t}{1+t} \quad \cdots(*)$$

が成り立つ。■

(2) 曲線 C の $S(s, e^{ks})$ における接線の方程式 l_S は，$y' = ke^{kx}$ より，

$$l_S : y = ke^{ks}(x - s) + e^{ks}$$

だから，P，Q における C の接線 l_P，l_Q は，それぞれ

$$l_P : y = ke^{ka}(x - a) + e^{ka} \quad \cdots ①$$

$$l_Q : y = ke^{-ka}(x + a) + e^{-ka} \quad \cdots ②$$

で，交点 R の x 座標は，①，②を連立して解いて，

$$x = \frac{ae^{ka} + ae^{-ka}}{e^{ka} - e^{-ka}} - \frac{1}{k} \quad [\because k > 0,\ a > 0\ \text{のとき}\ e^{ka} - e^{-ka} \neq 0]$$

$$= \frac{a(1 + e^{-2ka})}{1 - e^{-2ka}} - \frac{1}{k} \quad \cdots ③$$

さて，$k > 0$，$a > 0$ のとき，$t = e^{-2ka}$ とおくと，$0 < t < 1$ が保証され，両辺の自然対数がとれて，

$$\log t = -2ka \iff a = \frac{\log t}{-2k} \quad [\because k \neq 0]$$

このとき，③から a を消去すると，

$$x = \frac{(\log t)(1 + t)}{-2k(1 - t)} - \frac{1}{k} = \frac{1}{k} \cdot \frac{1+t}{1-t} \cdot \left(-\frac{1-t}{1+t} - \frac{\log t}{2}\right)$$

$$> 0 \quad [\because k > 0,\ 0 < t < 1\ \text{と，(1)の結果}(*)]$$

したがって，$k > 0$，$a > 0$ において，常に接線 l_P と l_Q の交点 R の x 座標は正である。■

補足

$t = e^{2ka}$ ではなく，$t = e^{-2ka}$ とおけるように式変形していくのも1つのコツと言えるでしょう。このようにしなければ，$0 < t < 1$ を満たさないため，(1)の結果である（*）の利用ができないからです。$x = \frac{1}{k} \cdot \frac{1+t}{1-t} \cdot \left(-\frac{1-t}{1+t} - \frac{\log t}{2}\right)$ のように見るのはかなり強引な式変形と感じるかもしれませんが，「誘導の形に帰着する」という目的がある以上，当たり前のようにできるようにならなければいけません。

☞CHECK!2

3次関数 $y = x^3 + kx$ のグラフを考える。連立不等式 $\begin{cases} y > -x \\ y < -1 \end{cases}$ が表す領域を A とする。A のどの点からも上の3次関数のグラフに接線が3本引けるための，k についての必要十分条件を求めよ。

〔99年京都大学・文系・後期〕

考え方

例題の直後ならば自然に解法の流れも思い浮かぶものの，何の前置きもなく出題された

当時の受験生は手も足も出なかったことでしょう。集合の包含関係に持ち込む方法が身についていなければ，相当な難問に感じられます。

きっと，本書に取り組んでいる君達にとっては

〈鉄則〉－3次関数に引ける接線の本数－

平面上の領域から3次関数に引ける接線の本数はその都度求めるべきものであるが，3本引ける領域が右図の境界と白丸を除く網目部分のようになるのは記憶事項。

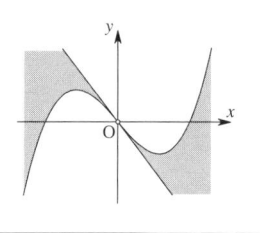

は周知の事実でしょうから，

領域 A：「$y > -x$ かつ $y < -1$ が表す点の集合」

領域 B：「$y = x^3 + kx$ に3本の接線が引けるような点の集合」

と定め，$A \subseteqq B$ となるように k の範囲を定めればよいでしょう。こういった解法の構造を明確にしておくと，難しく見える本問もただの計算問題となります。

解 答

$$A = \{(x, y) \mid -x < y < -1\}$$

であって，$f(x) = x^3 + kx$ としたとき，曲線 $C : y = f(x)$ に3本接線が引けるような必要十分な領域を B と定める。このとき，求める必要十分条件は，$A \subseteqq B$ を成り立たせるような k の範囲である。

続いて領域 B を求める。C 上の $(t, f(t))$ における接線 l の方程式は $f'(x) = 3x^2 + k$ より，

$$l : y = (3t^2 + k)(x - t) + t^3 + kt \qquad \cdots ①$$

であり，①を t について整理すると，

$$2t^3 - 3xt^2 - kx + y = 0 \qquad \cdots ①'$$

そして，3次関数においては接点が異なれば接線も異なるので，

「①' を t の方程式と見て，異なる3つの実数解をもつ」 $\cdots (\ast)$

ような (x, y) の条件が領域 B を表すから，以下これを求めることにする。

$$g(t) = 2t^3 - 3xt^2 - kx + y$$

とすれば，$g'(t) = 6t^2 - 6xt = 6t(t - x)$ であり，$(\ast)$ の条件は

関数 $g(t)$ が極値をもち，かつ極大値・極小値が異符号

だから，

$$x \neq 0 \text{ かつ } g(0)g(x) < 0$$
$$\Leftrightarrow (-kx + y)(-x^3 - kx + y) < 0 \quad (\text{このとき } x \neq 0 \text{ は満たされる})$$

したがって，領域 B は

☞ **CHECK! の解答** 143

$$B = \{(x, y) \mid (-kx + y)(-x^3 - kx + y) < 0\}$$

で表され，領域 A, B を図示すると次の通り。

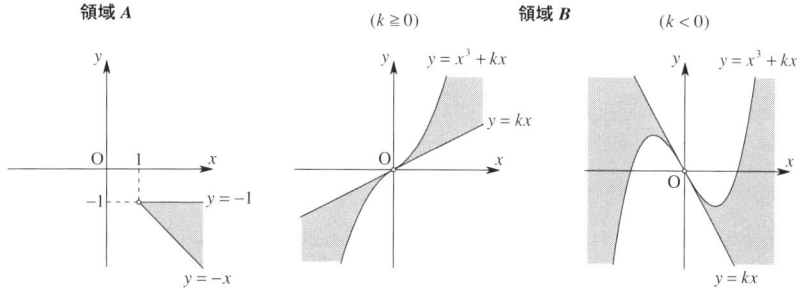

領域 A　　　　　　　$(k \geq 0)$　領域 B　　　$(k < 0)$

図の網目部分で，白丸と境界はすべて除く

図より $A \subseteq B$ となるためには，$k \leq -1$ であることが必要。このもとで，

i) 極小値が直線 $x = 1$ よりも左に位置するとき

このときの k の範囲は $\sqrt{-\dfrac{k}{3}} < 1 \Leftrightarrow -3 < k \leq -1$ であり，
$$f(1) \geq -1 \Leftrightarrow k \geq -2$$

となることが求める必要十分条件となる。

$$\therefore \ -2 \leq k \leq -1$$

ii) 極小値が直線 $x = 1$ と重なるか右に位置するとき

このときの k の範囲は $\sqrt{-\dfrac{k}{3}} \geq 1 \Leftrightarrow k \leq -3$ であって，
$$f\left(\sqrt{-\dfrac{k}{3}}\right) \geq -1 \Leftrightarrow \dfrac{2k}{3}\sqrt{-\dfrac{k}{3}} \geq -1 \Leftrightarrow k \geq -\dfrac{3}{\sqrt[3]{4}}$$

であればよいが，$k \leq -3$ かつ $k \geq -\dfrac{3}{\sqrt[3]{4}}$ を満たす実数 k は存在せず不適。

したがって，以上 i), ii) より，求める k の必要十分条件は

$$\therefore \ -2 \leq k \leq -1 \quad \blacksquare$$

[補　足]

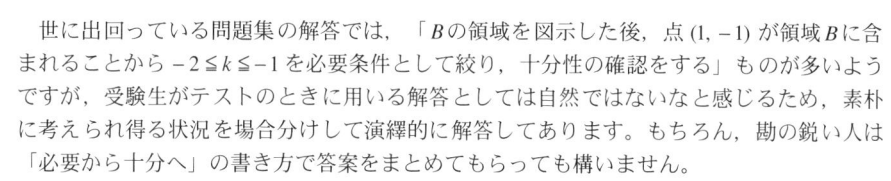

世に出回っている問題集の解答では，「B の領域を図示した後，点 $(1, -1)$ が領域 B に含まれることから $-2 \leq k \leq -1$ を必要条件として絞り，十分性の確認をする」ものが多いようですが，受験生がテストのときに用いる解答としては自然ではないなと感じるため，素朴に考えられ得る状況を場合分けして演繹的に解答してあります。もちろん，勘の鋭い人は「必要から十分へ」の書き方で答案をまとめてもらっても構いません。

また，スペースの都合上省略しましたが，3次関数 $y = f(x) = x^3 + kx$ のグラフを描く際，増減表を明記しておく方が入試答案としては無難と言えます。面倒かもしれませんが，$k \leq 0$ or $0 < k$ で場合分けしてきっちりと増減表を描きましょう。

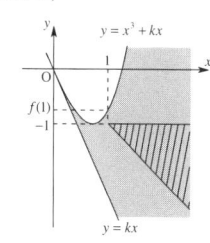

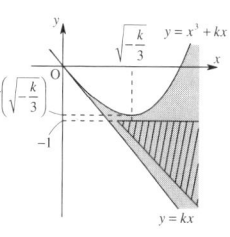

☞ CHECK!3

関数 $f(x)$ は，$p+q=1$ を満たすすべての正の数 p, q と，すべての実数 x, y に対して，$f(px+qy) \leqq pf(x)+qf(y)$ を満たしているとする。

このとき，2以上の自然数 n について，$p_1+p_2+\cdots+p_n=1$ を満たすすべての正の数 $p_1, p_2, \cdots, p_n$ と，すべての実数 $x_1, x_2, \cdots, x_n$ に対して，

$$f(p_1x_1+p_2x_2+\cdots+p_nx_n) \leqq p_1f(x_1)+p_2f(x_2)+\cdots+p_nf(x_n)$$

が成り立つことを証明せよ。

〔98年大阪市立大学・理系・後期〕

考え方

この問題は色々と学ぶべきことが多いため，少し丁寧に説明することにしましょう。

まず，本問の関数 $f(x)$ 自体が"下に凸な関数"の定義そのものです。関数の凹凸を考えるとき，連続でなめらかな関数を連想してしまいがちですが，右図のようなカクカクしている関数も「下に凸な関数である」と言います。確かに上記の性質を満たしていますね。

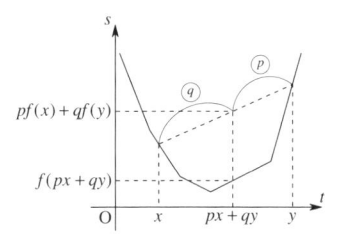

お次は本問を実際に解答するならどうするべきであるのかの考察に入ります。

問題の構造は

離散変数 n と，連続変数 $p_1 \sim p_n$，$x_1 \sim x_n$ の全称系

であり，初見の問題として出くわすとどのように解きほぐせばよいのかかなり迷います。

① $n, p_1 \sim p_n, x_1 \sim x_{n-1}$ を定数扱いにして，x_n を変数と眺めての関数処理。
② $p_1 \sim p_n, x_1 \sim x_n$ までが定数で，n を離散変数扱いにしての帰納法。

などが有力な候補として挙げられるでしょう。

しかし，①の関数処理に持ち込もうとすると，「$f(x)$ を微分する」のが常套手段であるにも関わらず，問題文で $f(x)$ の微分可能性が保証されていないため初手から却下となります。言い換えると，消去法で②を選択することになるワケです。

さらに，「n に関しての帰納法で証明せよ」との指示があったとしても，正しい議論を進めるためには，"示すべき命題の内容"をきちんと把握しておかなければなりません。

$n=k$ ($k=2, 3, 4, \cdots$) で OK

$p_1+p_2+\cdots+p_k=1$ なる正の数 $p_1, p_2, \cdots, p_k$ と，実数 $x_1, x_2, \cdots, x_k$ に対して，

$$f(p_1x_1+p_2x_2+\cdots+p_kx_k) \leqq p_1f(x_1)+p_2f(x_2)+\cdots+p_kf(x_k)$$

が成り立つ。

が帰納法の仮定であり，これはアルゴリズムを作成する上で用いてもよいものです。

一方で，示すべきものは

> **$n = k+1$ の示すべき命題**
> $p_1 + p_2 + \cdots + p_k + p_{k+1} = 1$ なる正の数 $p_1, p_2, \cdots, p_k, p_{k+1}$ と，実数 $x_1, x_2, \cdots, x_k, x_{k+1}$ に対して，
> $$f(p_1 x_1 + p_2 x_2 + \cdots + p_k x_k + p_{k+1} x_{k+1}) \leqq p_1 f(x_1) + p_2 f(x_2) + \cdots + p_k f(x_k) + p_{k+1} f(x_{k+1})$$
> が成り立つ。

であって，文字 p_i の前提が $n = k$ のときと $n = k+1$ のときで
$$p_1 + p_2 + \cdots + p_k = 1 \ \text{と} \ p_1 + p_2 + \cdots + p_k + p_{k+1} = 1$$
のように違います。

したがって，
「$n = k$ のときの不等式
$$f(p_1 x_1 + p_2 x_2 + \cdots + p_k x_k) \leqq p_1 f(x_1) + p_2 f(x_2) + \cdots + p_k f(x_k)$$
の両辺に $p_{k+1} f(x_{k+1})$ を加えて……」
といった議論の進め方では全くお話になりません。$p_1 + p_2 + \cdots + p_k = 1$ を満たしているような $p_1, p_2, \cdots, p_k$ では，$p_1 + p_2 + \cdots + p_k + p_{k+1} = 1$ となることはありませんからね。

そこで，**「帰納法の仮定が利用できるように強引にカタマリを作る」**ことになり，正しい証明は次のようになります。

[解答]

$$(*)\begin{cases} \text{「} p + q = 1 \text{ なるすべての正の数 } p, q \text{ と，すべての実数 } x, y \text{ に対して} \\ \qquad f(px + qy) \leqq pf(x) + qf(y) \\ \text{が成立する」} \end{cases}$$

としておき，示すべき命題を

$$A(n)\begin{cases} \text{「} p_1 + p_2 + \cdots + p_n = 1 \text{ なる正の数 } p_1, p_2, \cdots, p_n \text{ と，実数 } x_1, x_2, \cdots, x_n \text{ に対して} \\ \qquad f(p_1 x_1 + p_2 x_2 + \cdots + p_n x_n) \leqq p_1 f(x_1) + p_2 f(x_2) + \cdots + p_n f(x_n) \\ \text{が成り立つ」} \end{cases}$$

としておく。

以下，n に関する数学的帰納法で $n \geqq 2$ なる任意の自然数 n に対して命題 $A(n)$ が成り立つことを示す。

[Ⅰ] $n = 2$ のとき，$(*)$ において，$p = p_1, q = p_2, x = x_1, y = x_2$ とできるから，
$$f(p_1 x_1 + p_2 x_2) \leqq p_1 f(x_1) + p_2 f(x_2)$$
は確かに成立し，命題 $A(2)$ は正しい。

[Ⅱ] $n = k \ (k = 2, 3, \cdots)$ のとき，命題 $A(k)$ が正しいと仮定する。

$n = k+1$ を考えると，示すべきは，

「$p_1 + \cdots + p_k + p_{k+1} = 1$ を満たす正の数 $p_1, \cdots, p_k, p_{k+1}$ と実数 $x_1, \cdots, x_k, x_{k+1}$ に対して

$$f(p_1x_1+\cdots+p_kx_k+p_{k+1}x_{k+1}) \leqq p_1f(x_1)+\cdots+p_kf(x_k)+p_{k+1}f(x_{k+1})$$

が成り立つ」

である。ここで，$P = p_k + p_{k+1}(>0)$, $X = \dfrac{p_kx_k + p_{k+1}x_{k+1}}{p_k + p_{k+1}}$ (実数)とおくことにすれば，

$$p_kx_k + p_{k+1}x_{k+1} = (p_k + p_{k+1}) \cdot \dfrac{p_kx_k + p_{k+1}x_{k+1}}{p_k + p_{k+1}} = PX$$

と表せて，さらに

$p_1, p_2, \cdots, p_{k-1}, P$ は $p_1 + p_2 + \cdots + p_{k-1} + P = 1$ を満たす k 個の正の数かつ，

$x_1, x_2, \cdots, x_{k-1}, X$ は k 個の実数

だから，

$$f(p_1x_1 + \cdots + p_{k-1}x_{k-1} + p_kx_k + p_{k+1}x_{k+1})$$
$$= f(p_1x_1 + \cdots + p_{k-1}x_{k-1} + PX)$$
$$\leqq p_1f(p_1) + \cdots + p_{k-1}f(x_{k-1}) + Pf(X) \quad [\because \text{帰納法の仮定}]$$
$$= p_1f(p_1) + \cdots + p_{k-1}f(x_{k-1}) + (p_k + p_{k+1})f\left(\dfrac{p_k}{p_k+p_{k+1}}x_k + \dfrac{p_{k+1}}{p_k+p_{k+1}}x_{k+1}\right) \quad \cdots ①$$

である。

さて，2数 $\dfrac{p_k}{p_k+p_{k+1}}, \dfrac{p_{k+1}}{p_k+p_{k+1}}$ は，$\dfrac{p_k}{p_k+p_{k+1}} + \dfrac{p_{k+1}}{p_k+p_{k+1}} = 1$ を満たす正の数であって，x_k, x_{k+1} は実数であるから，［Ⅰ］で示した命題 $A(2)$ を用いると，

$$f\left(\dfrac{p_k}{p_k+p_{k+1}}x_k + \dfrac{p_{k+1}}{p_k+p_{k+1}}x_{k+1}\right) \leqq \dfrac{p_k}{p_k+p_{k+1}}f(x_k) + \dfrac{p_{k+1}}{p_k+p_{k+1}}f(x_{k+1}) \quad \cdots ②$$

が成り立ち，①と②を合わせると，

$$f(p_1x_1 + p_2x_2 + \cdots + p_kx_k + p_{k+1}x_{k+1}) \leqq p_1f(x_1) + p_2f(x_2) + \cdots + p_kf(x_k) + p_{k+1}f(x_{k+1})$$

だから，$n = k+1$ のときも命題 $A(k+1)$ は正しい。

したがって，以上［Ⅰ］，［Ⅱ］により，2以上の任意の自然数 n に対して，命題 $A(n)$ の成立が示された。■

補足

なるほど，$P = p_k + p_{k+1}$ と見ることで強引に k 個に帰着するワケですね。これと帳尻を合わせるため，$X = \dfrac{p_kx_k + p_{k+1}x_{k+1}}{p_k + p_{k+1}}$ のように新しく文字 X を定めます。

ただし，解答を見た後であれば上記のように議論を進めるのにも納得がいくものの，やはり初見でこの証明を完成させるのは非常に難しいでしょう。ですから，もしも君がこの問題を解けなかったとしても気に病むことはありません。しかしながら，"凸不等式"の証明は他の問題を理解する上でも役に立つため，何度も練習して再現できるようになっておいてください。

☞ **CHECK!4**

自然数 n の関数 $f(n), g(n)$ を

$f(n) = n$ を7で割った余り

☞ CHECK! の解答   147

$$g(n) = 3f\left(\sum_{k=1}^{7} k^n\right)$$

によって定める。
(1) すべての自然数nに対して $f(n^7) = f(n)$ を示せ。
(2) あなたの好きな自然数nを1つ決めて $g(n)$ を求めよ。その $g(n)$ の値をこの設問(2)におけるあなたの得点とする。

〔95年京都大学・文系・後期〕

【考え方】

京都大学の出題であるため，合同式は用いずに表現することを考えます。ただし，(1)で愚直に $7m+1$ や $7m+2$ などの7乗を計算しようとすると心が折れます(笑)。そこで，

$$n^7 - n = n(n^3-1)(n^3+1) = n(n-1)(n^2+n+1)(n+1)(n^2-n+1)$$

の因数分解を利用すれば多少はマシな計算になるでしょう。もしも試験中にこの因数分解の利用が思いつかないならば，減点覚悟で合同式を用いるか，全く別の方針で解くことになります。"連続○整数の積"を利用するか"帰納法"です。"連続○整数の積"の利用は例題の解答で紹介しましたから，ここでは"帰納法"を別解に紹介しておきます。

さて，非常にユニークな問題文である(2)は方針が見えづらいため，ゆっくり考えていくことにしましょう。まずは$g(n)$を把握することが第一歩です。

Σ記号のままではピンとこないため，具体的に"…"を用いて書き下します。

$$g(n) = 3f(1^n + 2^n + 3^n + 4^n + 5^n + 6^n + 7^n)$$

これでもまだイマイチなので，言葉を用いて解釈しましょう。すると，

$g(n)$ は $1^n + 2^n + 3^n + 4^n + 5^n + 6^n + 7^n$ を7で割った余りを3倍したモノ

と分かります。ただし，7^n は常に7で割り切れるため，結局は

$$1^n + 2^n + 3^n + 4^n + 5^n + 6^n \text{ を7で割った余りの最大値の3倍}$$

を求めることに帰着されました。

$n = 1, 2$ 程度を代入して実験してみましょう。$P(n) = 1^n + 2^n + 3^n + 4^n + 5^n + 6^n$ とします。

$$P(1) = 1 + 2 + 3 + 4 + 5 + 6 = 21 = 3 \cdot 7$$

となって，7で割り切れるため $g(1) = 0$。おや。

$$P(2) = 1^2 + 2^2 + 3^2 + 4^2 + 5^2 + 6^2 = 91 = 13 \cdot 7$$

となって，再び $g(2) = 0$。アレアレ？ 困りましたね。0点が続きます。

落ち着いて(1)を眺め直してみましょう。紛らわしさを避けるためにnをmと書き換えることにすると，(1)の結果は

「あらゆる自然数mに対して $m^7 - m$ は7で割り切れる」

でした。表現を変えると

「自然数mを7乗したとき，7で割った余りが元の自然数mの余りと同じになる」

となります。

この事実を延長すると，

「自然数 m の n 乗を 7 で割った余りは 6 を周期とする」

となることが分かるでしょうか？ つまり，数式で表現すると

$$m^{n+6} \equiv m^n \pmod 7$$

です。こういったことを踏まえると，

$$P(7) = 1^7 + 2^7 + 3^7 + 4^7 + 5^7 + 6^7$$
$$\equiv 1^1 + 2^1 + 3^1 + 4^1 + 5^1 + 6^1 = P(1) \pmod 7$$
$$P(8) = \cdots \equiv P(2) \pmod 7$$
$$P(9) = \cdots \equiv P(3) \pmod 7$$
$$\vdots$$

のようになるはずなので，「$n \geq 7$ の範囲は考えなくてもよい。$1 \leq n \leq 6$ の範囲のどこかできっと最大値が得られるのだろう」と予想されます。「$n = 6$ まで代入して計算すれば何とかなる！」と思えば，順次代入して計算する方が早いと言えそうですね。

解 答

(1) まず，$n^7 - n$ を因数分解すると，

$$n^7 - n = n(n^3 - 1)(n^3 + 1) = n(n-1)(n^2 + n + 1)(n+1)(n^2 - n + 1) \quad \cdots (*)$$

であり，n が自然数であるとき各因数はすべて整数となる。

以下，自然数 n を 7 で割った余りによって分類して考える。

ⅰ) $n = 7m$（m は自然数）のとき，$(*)$ において因数 n が 7 の倍数となる。

ⅱ) $n = 7m + 1$（m は 0 以上の整数）のとき，$(*)$ において因数 $(n-1)$ が 7 の倍数となる。

ⅲ) $n = 7m - 1$（m は自然数）のとき，$(*)$ において因数 $(n+1)$ が 7 の倍数となる。

ⅳ) $n = 7m + 2$（m は 0 以上の整数）のとき，

$$n^2 + n + 1 = 49m^2 + 35m + 7 = 7(7m^2 + 5m + 1)$$

より，$(*)$ において因数 $(n^2 + n + 1)$ が 7 の倍数となる。

ⅴ) $n = 7m - 2$（m は自然数）のとき，

$$n^2 - n + 1 = 49m^2 - 35m + 7 = 7(7m^2 - 5m + 1)$$

より，$(*)$ において因数 $(n^2 - n + 1)$ が 7 の倍数となる。

ⅵ) $n = 7m + 3$（m は 0 以上の整数）のとき，

$$n^2 - n + 1 = 49m^2 + 35m + 7 = 7(7m^2 + 5m + 1)$$

より，$(*)$ において因数 $(n^2 - n + 1)$ が 7 の倍数となる。

ⅶ) $n = 7m - 3$（m は自然数）のとき，

$$n^2 + n + 1 = 49m^2 - 35m + 7 = 7(7m^2 - 5m + 1)$$

より，$(*)$ において因数 $(n^2 + n + 1)$ が 7 の倍数となる。

したがって，以上ⅰ)～ⅶ)ですべての場合を尽くしているから，任意の自然数 n に対して $n^7 - n$ は 7 の倍数である。

$$\therefore \ f(n^7) = f(n) \ (n = 1, 2, 3, \cdots) \quad \blacksquare$$

(2) 7^n は常に7で割り切れるから，
$$g(n) = 3f\left(\sum_{k=1}^{7} k^n\right) = 3f\left(\sum_{k=1}^{6} k^n\right)$$
となる。

ところで，
$$1^6 + 2^6 + 3^6 + 4^6 + 5^6 + 6^6 \quad (\leftarrow 計算用紙でn=1\sim 6 を試しておく)$$
$$= 1 + 64 + 729 + 4096 + 15625 + 46656$$
$$= 67171 = 9595 \cdot 7 + 6$$

だから，$n=6$ として，僕(私)は，
$$g(6) = 3f\left(\sum_{k=1}^{7} k^6\right) = 3f\left(\sum_{k=1}^{6} k^6\right) = 3 \cdot 6 = 18 \text{（点）}$$
をいただくことにします。■

[別 解]

(1) 任意の自然数 n に対して $n^7 - n$ が7の倍数となることを，n についての数学的帰納法で示す。

［Ⅰ］$n=1$ のとき，$1^7 - 1 = 0$ は確かに7の倍数である。

［Ⅱ］$n=k$ $(k=1, 2, \cdots)$ のとき，$k^7 - k$ が7の倍数であると仮定すると，
$$k^7 - k = 7M \text{（}M\text{は整数）}$$
と書くことができて，
$$(k+1)^7 - (k+1)$$
$$= (k^7 + 7k^6 + 21k^5 + 35k^4 + 35k^3 + 21k^2 + 7k + 1) - (k+1)$$
$$= 7k^6 + 21k^5 + 35k^4 + 35k^3 + 21k^2 + 7k + (k^7 - k)$$
$$= 7(k^6 + 3k^5 + 5k^4 + 5k^3 + 3k^2 + k) + 7M \quad [\because 帰納法の仮定]$$

だから，$k^6 + 3k^5 + 5k^4 + 5k^3 + 3k^2 + k$ と M が整数であることを踏まえると，これは7の倍数である。したがって，$n=k+1$ のときも正しい。

以上，［Ⅰ］，［Ⅱ］より，任意の自然数 n に対して $n^7 - n$ は7で割り切れることになるから，すべての自然数 n に対して $f(n^7) = f(n)$ の成り立つことが示された。■

[補 足]

一般に，整数 N を7で割った余りは6が最大なのですから，(2)で18点以上は望めません。この問題が30点満点であったことから，(1)が12点で(2)が18点の配点であったことも分かりますね。

因みに，

「素数 p，n を p と互いに素な整数とするとき，$n^{p-1} \equiv 1 \pmod{p}$ が成り立つ」

をフェルマーの小定理と呼びます。結構有名ですから知っている人も多いことかと。本問はこれをベースに作られているようです。1994年にフェルマーの最終定理が証明されたため(認定は1995年)，フェルマーつながりで時事問題として京大は出題したのでしょうか？

☞ CHECK!5

p は3以上の素数であり, x, y は $0 \leq x \leq p, 0 \leq y \leq p$ を満たす整数であるとする。このとき x^2 を $2p$ で割った余りと, y^2 を $2p$ で割った余りが等しければ, $x = y$ であることを示せ。

〔03年京都大学・文系・前期〕

[考え方]

この問題は本編で述べた,

「余りが等しいは差が割り切れるとしてとらえる」

の類題として紹介しました。また, いずれ機を改めて紹介しますが, 素数を扱う際には

> 〈鉄則〉－素数 p の要求－
>
> 問題文に「p は素数である」とあるときは,
> ① $p = $(文字式の整数)×(文字式の整数) の形を強引に作って, 素数 p の約数が ± 1 or $\pm p$ しかないことを利用。
> ② p は $1, 2, 3, \cdots, p-1$ すべてと互いに素な関係にある。
> ③ 素数は整数の一部である(ごく稀に見かける方針)。
> のいずれかに飛びついてよい。ただし, 京都大学では,
> ④ 3以上の素数は奇数である。
> という事実を利用させることも頻出事項。

の〈鉄則〉が有効です。これらのことをおさえておけば, 本問はそれほど難しい問題ではないでしょう。

また, x, y の2変数に対する条件を考えるのですから, **領域を導入して視覚的に考える**ようにしてください。こういった癖をつけておくと難問に遭遇したときに役に立ちます。

[解答]

まず, p が3以上の素数であるときそれは奇素数だから, 2 と p は互いに素であることを確認しておく。

さて, 題意により $x^2 - y^2 = (x+y)(x-y)$ が $2p$ で割り切れることになり, 上記のことも踏まえると,

$$x^2 - y^2 = (x+y)(x-y) \text{ が 2 の倍数でありかつ } p \text{ の倍数である} \quad \cdots(*)$$

と言い換えることができる。

ところで,

$$(x+y) - (x-y) = 2y \text{ (偶数)} \quad [\because y \text{ は整数}]$$

であるから, $x+y$ と $x-y$ の偶奇は一致するため, $(*)$ が成り立つとき,

$$x+y \text{ と } x-y \text{ のいずれも偶数} \quad \cdots(\☆)$$

であることが保証される。

次に，$x+y$ と $x-y$ のいずれが p の倍数となるかで場合分けして考える．

ⅰ) $x+y$ が p の倍数であるとき，(☆)も踏まえると $x+y$ は $2p$ の倍数であって，
$$x+y=2pm \quad (m \text{は整数}) \quad \cdots ①$$
と書ける．

ⅱ) $x-y$ が p の倍数であるとき，同様に(☆)を踏まえて $x-y$ は $2p$ の倍数だから，
$$x-y=2pn \quad (n \text{は整数}) \quad \cdots ②$$
と書ける．

以上のことを合わせると，
$$(*) \Leftrightarrow \text{「① or ②」}$$
であることが分かるが，これらを xy 平面に図示すると，m, n が整数であるとき次のような状況になる．

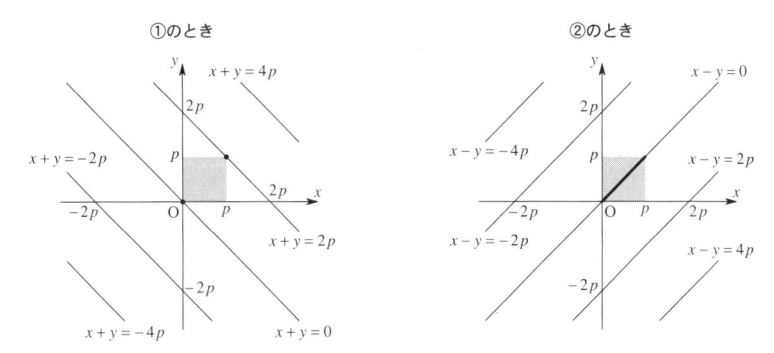

①のとき ②のとき

したがって，$0 \leqq x \leqq p, 0 \leqq y \leqq p$ の範囲においては，①や②を成り立たせる整数 x, y は，$x=y$ となっていることが分かる．■

補足

実際のところ，①と②が求まってから $0 \leqq x \leqq p, 0 \leqq y \leqq p$ を使えば
$$① \Leftrightarrow (x, y)=(0, 0) \text{ or } (p, p)$$
$$② \Leftrightarrow x=y \ (0 \leqq x \leqq p, 0 \leqq y \leqq p)$$
であることが数式的にもスグに確認されるため，仰々しく領域を持ち出すまでもありません．領域導入の発想に慣れてもらおうと上記のような解答にしましたが，実際のテストであるならば数式のみで処理しても構わないでしょう．

☞CHECK!6

$p(x)$ を x に関する3次式とする．x^4 と x^5 を $p(x)$ で割った余りは等しくて，0ではないとする．x の整式 $f(x)$ が $p(x)$ で割り切れず，$xf(x)$ は $p(x)$ で割り切れるとき，$f(x)$ を $p(x)$ で割った余り $r(x)$ を求めよ．ただし，$r(x)$ の最高次の係数は1となるものとする．

〔76年東京工業大学〕

[考え方]

☞ **CHECK!5** に引き続き，

「余りが等しいは差が割り切れるとしてとらえる」

の整式バージョンです。$x^5 - x^4$ が整式 $p(x)$ で割り切れることから，$p(x)$ のもつ因数が限られてきます。これを利用しましょう。

[解　答]

題意により，$x^5 - x^4 = x^4(x-1)$ が $p(x)$ で割り切れるから，3次式 $p(x)$ は

$$p(x) = kx^3 \text{ or } kx^2(x-1) \text{ (k は $k \neq 0$ なる実数)}$$

のように表される。しかし，$p(x) = kx^3$ の形であるとすると，x^4 や x^5 を割った余りが0となり題意に反する。

$$\therefore p(x) = kx^2(x-1)$$

である。

さて，整式 $f(x)$ を3次式 $p(x)$ で割ったときの余り $r(x)$ は2次以下で，商を $g(x)$ とすれば，

$$f(x) = g(x)p(x) + r(x) \text{ ($g(x)$ は整式で，$r(x)$ は0ではない整式)}$$

が成り立つ。

また，$xf(x)$ は $p(x)$ で割り切れるから，

$$xf(x) = xg(x)p(x) + xr(x)$$

の $xr(x)$ は，$xr(x)$ が3次以下であることも考えると，整式 $p(x)$ の実数倍の形をしている。

$$\therefore xr(x) = lx^2(x-1) \ (l \neq 0)$$

これが x についての恒等式となるため，$r(x) = lx(x-1)$ であり，$r(x)$ の最高次の係数は1であるから $l = 1$。

$$\therefore r(x) = x(x-1) \quad \blacksquare$$

☞ **CHECK!7**

数列 $\{a_n\}$ は，すべての正の整数 n に対して $0 \leq 3a_n \leq \sum_{k=1}^{n} a_k$ を満たしているとする。このとき，すべての n に対して $a_n = 0$ であることを示せ。

〔10年京都大学・理系甲〕

[考え方]

本編でも述べたように背理法と累積帰納法の2つを解答として紹介しておきます。ただし，背理法で証明する際は議論の進め方に多少の工夫が必要となります。

それは，$a_n \neq 0$ となる項があったとして，**一番最初のモノに着目する**という部分です。例えば，$a_1 = a_2 = a_3 = 0, a_4 = 4, a_5 = 1, \cdots$ のような数列であったとしましょう。すると，a_5 に着目するだけでは，

$$0 \leq 3a_5 \leq \sum_{k=1}^{5} a_k \iff 0 \leq 3 \leq 5$$

となって矛盾が生じません。そこで，$a_n \neq 0$ となる一番初めの項の a_4 に着目して議論を進めると，

$$0 \leq 3a_4 \leq \sum_{k=1}^{4} a_k \iff 0 \leq 12 \leq 4$$

となって，矛盾が生じるワケです。

数列の全称系を背理法で証明する際，

「題意を満たさないもののうち，一番最初のモノに着目して議論する」

のは稀に使うため，この場で身につけておいてください。

[解　答]

すべての正の整数 n に対して $0 \leq 3a_n \leq \sum_{k=1}^{n} a_k$ が成り立つ　　　　　‥‥(∗)

としておく。

　数列 $\{a_n\}$ のうち $a_n \neq 0$ となるものが存在したとして，一番初めのものを a_m とすると，

ⅰ）$m=1$ のとき，(∗) で $n=1$ とすると，

$$0 \leq 3a_1 \leq \sum_{k=1}^{1} a_k \iff 0 \leq 3a_1 \leq a_1 \iff a_1 = 0$$

となるから $a_1 \neq 0$ とはならず矛盾。

ⅱ）$m \geq 2$ のとき，a_m の仮定により $a_1 = a_2 = \cdots = a_{m-1} = 0$ であり，(∗) で $n=m$ とすると，

$$0 \leq 3a_m \leq \sum_{k=1}^{m} a_k \iff 0 \leq 3a_m \leq a_m \iff a_m = 0$$

となって，やはり $a_m \neq 0$ に矛盾する。

　以上ⅰ），ⅱ）から，背理法により，

すべての自然数 n に対して $a_n = 0$

であることが示された。■

[別　解]

すべての正の整数 n に対して $0 \leq 3a_n \leq \sum_{k=1}^{n} a_k$ が成り立つ　　　　　‥‥(∗)

とし，すべての自然数 n に対して $a_n = 0$ であることを，n についての数学的帰納法で示すことにする。

[Ⅰ] $n=1$ のとき，(∗) で $n=1$ とすれば，

$$0 \leq 3a_1 \leq \sum_{k=1}^{1} a_k \iff 0 \leq 3a_1 \leq a_1 \iff a_1 = 0$$

となるから，$n=1$ のときは正しい。

[Ⅱ] $1 \leq n \leq l$ $(l=1, 2, \cdots)$ なるすべての n で $a_n = 0$ であったとすると，(∗) で $n=l+1$ を代入して，

$$0 \leq 3a_{l+1} \leq \sum_{k=1}^{l+1} a_k$$

$\Leftrightarrow 0 \leqq 3a_{l+1} \leqq a_{l+1}$ ［∵ 帰納法の仮定により $a_1 = a_2 = \cdots = a_l = 0$］

$\Leftrightarrow a_{l+1} = 0$

となるから，$n = l+1$ のときも成立する。

したがって，以上［Ⅰ］，［Ⅱ］より，

　　　すべての自然数 n に対して $a_n = 0$

であることが示された。■

[補 足]

　表現の仕方が多少違うものの，結局やっていることは解答も別解も同じことです。君の好みに応じて表現すればよいでしょう。

　ただし，帰納法を用いるのならば，

「$1 \leqq n \leqq l$ なるすべての n で $a_n = 0$ となる」

のように累積帰納法を用いなければならないことに注意してください。

　というのも，単純に「$n = l$ で $a_l = 0$ であったと仮定する」だけでは，（*）に $n = l+1$ を代入したとき，

$$0 \leqq 3a_{l+1} \leqq \underline{a_1 + a_2 + \cdots + a_{l-1}} + \underset{\parallel}{a_l} + a_{l+1}$$
$$\text{正体不明} \quad 0$$

のように，$a_1 \sim a_{l-1}$ までを 0 と決めつけてはならないからです。

　　「そんなの a_1 から順に 0 だと決定していくのが帰納法なんだから
　　　普通の帰納法の形式でも別にイイんじゃないの？」

と感じるかもしれませんが，「$n = l$ で $a_l = 0$ であったと仮定する」としている以上，アルゴリズム作成の部分で"帰納法の仮定"として用いることができるのは"$a_l = 0$"という情報だけに限ります。

　釈然としないかもしれませんが，これが数学でのお約束であるため，あまり文句を言わないようにしましょう(笑)。

☞ CHECK!8

　行列 $A = \begin{pmatrix} a & -b \\ b & a \end{pmatrix}$ の表す xy 平面の一次変換が，直線 $y = 2x+1$ を直線 $y = -3x-1$ へ移すとする。点 $P(1, 2)$ が移る点を Q とし，原点を O とするとき，2直線 OP と OQ のなす角の大きさを求めよ。

〔87年東京大学・理系〕

[考え方]

　例題の直後であればこの問題は非常にやさしく感じられるでしょう。本番でもこういった問題で計算ミスをしてしまうと苦しい戦いになります。

　まずは直線 $y = 2x+1$ 上の点をパラメータ表示し，そのパラメータに関しての全称系と見

ればすんなりと a, b は定まります。なす角を扱う部分では，

〈鉄則〉－なす角の扱い－

　直線やベクトルのなす角を求める問題は，

① ベクトルの内積の利用。
$$\cos\theta = \frac{\vec{a}\cdot\vec{b}}{|\vec{a}||\vec{b}|}$$

② tan の加法定理の利用。
$$\tan(\beta-\alpha) = \frac{\tan\beta-\tan\alpha}{1+\tan\beta\tan\alpha}$$

の2つが代表的だが，大半を①で処理するのが基本。というのも，なす角 θ の範囲を $0\leq\theta\leq\pi$ とすると，θ と $\cos\theta$ の値が1対1に対応するからである（$\frac{\pi}{2}$ に対する tan の値が存在しない）。

に従って，

　　　　　① ベクトルの内積の利用。

で処理するのが妥当です。

解　答

$$y = 2x+1 \quad\cdots\text{①}$$
$$y = -3x-1 \quad\cdots\text{②}$$

としておく。直線①上の点は，実数 t を用いて $(t, 2t+1)$ のように表され，

$$\begin{pmatrix} a & -b \\ b & a \end{pmatrix}\begin{pmatrix} t \\ 2t+1 \end{pmatrix} = \begin{pmatrix} at-2bt-b \\ 2at+bt+a \end{pmatrix}$$

から，題意の一次変換 A によって $(at-2bt-b,\ 2at+bt+a)$ に移る。これが直線②上にあるから，

$$2at+bt+a = -3(at-2bt-b)-1$$
$$\Leftrightarrow 5(a-b)t + a-3b+1 = 0 \quad\cdots\text{③}$$

が成り立ち，直線①全体が直線②全体に移るならば③は t の恒等式と言える。

したがって，③の係数を比較して，

$$\lceil a-b=0 \text{ かつ } a-3b+1=0\rfloor \Leftrightarrow a=b=\frac{1}{2}$$

$$\therefore\ A = \frac{1}{2}\begin{pmatrix} 1 & -1 \\ 1 & 1 \end{pmatrix}$$

さて，この一次変換 A によって点 P(1, 2) が移る点 Q は，

$$\frac{1}{2}\begin{pmatrix} 1 & -1 \\ 1 & 1 \end{pmatrix}\begin{pmatrix} 1 \\ 2 \end{pmatrix} = \frac{1}{2}\begin{pmatrix} -1 \\ 3 \end{pmatrix}$$

より，Q$(-\frac{1}{2}, \frac{3}{2})$ であると分かり，$\vec{OP}, \vec{OQ}$ のなす角を θ $(0\leq\theta\leq\pi)$ とすると，

$$\cos\theta = \frac{\overrightarrow{OP} \cdot \overrightarrow{OQ}}{|\overrightarrow{OP}||\overrightarrow{OQ}|} = \frac{1 \cdot \left(-\frac{1}{2}\right) + 2 \cdot \frac{3}{2}}{\sqrt{1^2 + 2^2}\sqrt{\left(-\frac{1}{2}\right)^2 + \left(\frac{3}{2}\right)^2}} = \frac{1}{\sqrt{2}}$$

したがって，$0 \leq \theta \leq \pi$ も考慮すると，$\overrightarrow{OP}$，$\overrightarrow{OQ}$ のなす角 θ は，

$$\therefore \theta = \frac{\pi}{4} \quad \left(\frac{\pi}{2} \text{以下だから，これが2直線のなす角でもある}\right) \quad \blacksquare$$

☞ CHECK!9

$\vec{a}, \vec{b}, \vec{c}$ を空間内の単位ベクトルとし，任意の単位ベクトル $\vec{d}$ に対して，$(\vec{a} \cdot \vec{d})^2 + (\vec{b} \cdot \vec{d})^2 + (\vec{c} \cdot \vec{d})^2$ が一定の値 k をとるとする。ただし，$\vec{s} \cdot \vec{t}$ はベクトル $\vec{s}, \vec{t}$ の内積を表す。このとき次の(1)，(2)，(3)に答えよ。

(1) k を求めよ。
(2) $\vec{a}, \vec{b}, \vec{c}$ は互いに直交することを示せ。
(3) $\vec{p} = \vec{a} + 2\vec{b} + 3\vec{c}$ のとき，$(\vec{a} \cdot \vec{p})^2 + (\vec{b} \cdot \vec{p})^2 + (\vec{c} \cdot \vec{p})^2$ の値を求めよ。

〔86年九州大学・共通〕

考え方

例題は平面であるのに対して本問は空間のお話です。「必要から十分へ」で考えるなら，例題と同じようにベクトル $\vec{d}$ を $\vec{a}, \vec{b}, \vec{c}$ に重ねてみるのは誰でもやりますよね？ しかしながらこれだけでは k の値が求まらないんですよね。そういった意味では ☞ CHECK! として本問を紹介したのは少し意地悪だったかもしれません(笑)。

ここで方針転換をして座標設定するのも潔いです。座標を設定すれば，特別なベクトルとして採用できる選択肢の幅はグッと広がるからです。その解答は別解に紹介しておくことにしましょう。

ただし，「**空間のお話では単純に与えられたベクトルに重ねるだけではなく，もう1つ考えられる特殊なモノがある**」ことを知ってもらうためにも，座標設定に頼らない方法を解答として紹介しておきます。自力では思いつきにくいベクトルを持ち出しますが，経験として知っておくようにしてください。

その思いつきにくいベクトルとは……

$\vec{a}$ と $\vec{b}$ のいずれにも○○なベクトル

です。○○の中に何が入るかピンときますか？

解答

(1) 空間のベクトル $\vec{d}$ から実数値への写像 $f(\vec{d})$ を
$$f(\vec{d}) = (\vec{a} \cdot \vec{d})^2 + (\vec{b} \cdot \vec{d})^2 + (\vec{c} \cdot \vec{d})^2 \quad (|\vec{d}| = 1)$$
のように定義しておく。

さて，題意により，任意の単位ベクトル $\vec{d}$ に対して $f(\vec{d})$ は一定値 k をとるから，$\vec{d} = \vec{a}, \vec{b}$ としたときを考えて($|\vec{a}| = |\vec{b}| = 1$ だからこのように $\vec{d}$ をとることは可能)，

$$\begin{cases} f(\vec{a}) = |\vec{a}|^4 + (\vec{a}\cdot\vec{b})^2 + (\vec{c}\cdot\vec{a})^2 = k & (\leftarrow (\vec{a}\cdot\vec{a})^2 = |\vec{a}|^4 \text{に注意}) \\ f(\vec{b}) = (\vec{a}\cdot\vec{b})^2 + |\vec{b}|^4 + (\vec{b}\cdot\vec{c})^2 = k \end{cases}$$

$$\therefore \begin{cases} 1 + (\vec{a}\cdot\vec{b})^2 + (\vec{c}\cdot\vec{a})^2 = k & [\because |\vec{a}| = 1] & \cdots\text{①} \\ 1 + (\vec{a}\cdot\vec{b})^2 + (\vec{b}\cdot\vec{c})^2 = k & [\because |\vec{b}| = 1] & \cdots\text{②} \end{cases}$$

ところで，$\vec{a}$と$\vec{b}$が如何なる位置関係にあっても，空間内では$\vec{a}$と$\vec{b}$の両方に垂直な単位ベクトル$\vec{h}$が存在するから，$\vec{d}$をこの単位ベクトル$\vec{h}$にとると，

$$f(\vec{h}) = (\vec{a}\cdot\vec{h})^2 + (\vec{b}\cdot\vec{h})^2 + (\vec{c}\cdot\vec{h})^2 = k$$

$$\therefore (\vec{c}\cdot\vec{h})^2 = k \quad [\because \vec{a}\cdot\vec{h} = \vec{b}\cdot\vec{h} = 0] \quad \cdots\text{③}$$

以上，①〜③が必要条件として成り立たなければならない。

ここで，$\vec{a}\cdot\vec{b}, \vec{c}\cdot\vec{a}$は実数値であるから，$(\vec{a}\cdot\vec{b})^2 \geq 0, (\vec{c}\cdot\vec{a})^2 \geq 0$ であるため，①に用いると，

$$\therefore k \geq 1 \quad \cdots\text{④}$$

続いて，$\vec{c}$と$\vec{h}$のなす角を$\theta \ (0 \leq \theta \leq \pi)$とすると，内積の定義式により，

$$\vec{c}\cdot\vec{h} = |\vec{c}||\vec{h}|\cos\theta = \cos\theta \quad [\because |\vec{c}| = |\vec{h}| = 1]$$

であるから，これと③より

$$\therefore -1 \leq k \leq 1 \quad \cdots\text{⑤}$$

したがって，④，⑤を合わせて，

$$\therefore k = 1 \quad \blacksquare$$

(2) $k = 1$を①，②に代入すると，

$$\begin{cases} (\vec{a}\cdot\vec{b})^2 + (\vec{c}\cdot\vec{a})^2 = 0 \\ (\vec{a}\cdot\vec{b})^2 + (\vec{b}\cdot\vec{c})^2 = 0 \end{cases}$$

であって，$\vec{a}\cdot\vec{b}, \vec{b}\cdot\vec{c}, \vec{c}\cdot\vec{a}$が実数であることを考えれば，

$$\vec{a}\cdot\vec{b} = \vec{b}\cdot\vec{c} = \vec{c}\cdot\vec{a} = 0 \quad \cdots\text{⑥}$$

に限られる。

よって，$\vec{a} \neq \vec{0}, \vec{b} \neq \vec{0}, \vec{c} \neq \vec{0}$ であるから，$\vec{a}, \vec{b}, \vec{c}$は互いに直交する。$\blacksquare$

以下，十分性に関して言及しておく。以上のことが成り立つもとでは，$\vec{a}, \vec{b}, \vec{c}$は互いに1次独立なベクトルであるから，実数$s, t, u$を用いて$\vec{d} = s\vec{a} + t\vec{b} + u\vec{c}$ と書くことができて，

$$|\vec{d}|^2 = |s\vec{a} + t\vec{b} + u\vec{c}|^2$$
$$= s^2 + t^2 + u^2 \quad [\because |\vec{a}| = |\vec{b}| = |\vec{c}| = 1, \text{⑥}]$$

も踏まえると，

$$|\vec{d}| = 1 \Leftrightarrow s^2 + t^2 + u^2 = 1 \quad \cdots\text{⑦}$$

であって，このとき，

$$f(\vec{d}) = (\vec{a}\cdot\vec{d})^2 + (\vec{b}\cdot\vec{d})^2 + (\vec{c}\cdot\vec{d})^2$$
$$= \{\vec{a}\cdot(s\vec{a} + t\vec{b} + u\vec{c})\}^2 + \{\vec{b}\cdot(s\vec{a} + t\vec{b} + u\vec{c})\}^2 + \{\vec{c}\cdot(s\vec{a} + t\vec{b} + u\vec{c})\}^2$$

$$= s^2 + t^2 + u^2 \quad [\because |\vec{a}| = |\vec{b}| = |\vec{c}| = 1, ⑥]$$
$$= 1 \quad [\because ⑦]$$

であるから，確かに $|\vec{d}| = 1$ なる任意の $\vec{d}$ に対して一定値1となり十分でもある．

(3) $\vec{p} = \vec{a} + 2\vec{b} + 3\vec{c}$ のとき，

$$(\vec{a} \cdot \vec{p})^2 + (\vec{b} \cdot \vec{p})^2 + (\vec{c} \cdot \vec{p})^2$$
$$= \{\vec{a} \cdot (\vec{a} + 2\vec{b} + 3\vec{c})\}^2 + \{\vec{b} \cdot (\vec{a} + 2\vec{b} + 3\vec{c})\}^2 + \{\vec{c} \cdot (\vec{a} + 2\vec{b} + 3\vec{c})\}^2$$
$$= |\vec{a}|^4 + 4|\vec{b}|^4 + 9|\vec{c}|^4 \quad [\because ⑥]$$
$$= 14 \quad [\because |\vec{a}| = |\vec{b}| = |\vec{c}| = 1]$$
$$\therefore (\vec{a} \cdot \vec{p})^2 + (\vec{b} \cdot \vec{p})^2 + (\vec{c} \cdot \vec{p})^2 = 14 \quad ■$$

別解

(1)(2)

座標設定して考える．$|\vec{a}| = |\vec{b}| = |\vec{c}| = 1$ も考慮すると，

$$\vec{a} = \begin{pmatrix} 1 \\ 0 \\ 0 \end{pmatrix}, \vec{b} = \begin{pmatrix} \cos\varphi \\ \sin\varphi \\ 0 \end{pmatrix}, \vec{c} = \begin{pmatrix} l \\ m \\ n \end{pmatrix} \quad (0 \leq \varphi \leq \pi, \; l^2 + m^2 + n^2 = 1) \quad (\leftarrow\text{このおき方は重要})$$

とおける．そして，$\vec{d}$ を

$$\vec{d} = \begin{pmatrix} x \\ y \\ z \end{pmatrix} \quad (x^2 + y^2 + z^2 = 1)$$

として，3変数関数 $g(x)$ を

$$g(x, y, z)$$
$$= (\vec{a} \cdot \vec{d})^2 + (\vec{b} \cdot \vec{d})^2 + (\vec{c} \cdot \vec{d})^2$$
$$= x^2 + (x\cos\varphi + y\sin\varphi)^2 + (lx + my + nz)^2$$
$$= (1 + \cos^2\varphi + l^2)x^2 + (\sin^2\varphi + m^2)y^2 + n^2z^2 + 2(\cos\varphi\sin\varphi + lm)xy + 2mnyz + 2nlzx$$

のように定義する．

題意により，$x^2 + y^2 + z^2 = 1$ なる任意の (x, y, z) に対して $g(x, y, z)$ は一定値 k となるから，$\begin{pmatrix} x \\ y \\ z \end{pmatrix} = \begin{pmatrix} 1 \\ 0 \\ 0 \end{pmatrix}, \begin{pmatrix} 0 \\ 1 \\ 0 \end{pmatrix}, \begin{pmatrix} 0 \\ 0 \\ 1 \end{pmatrix}$ として，

$$\begin{cases} 1 + \cos^2\varphi + l^2 = k \\ \sin^2\varphi + m^2 = k \\ n^2 = k \end{cases}$$

が成り立ち，これら3式の辺々加えると，

$$1 + (\cos^2\varphi + \sin^2\varphi) + (l^2 + m^2 + n^2) = 3k$$
$$\therefore k = 1 \quad [\because l^2 + m^2 + n^2 = 1] \quad ■$$

である．これを上の3式に代入して $l^2 + m^2 + n^2 = 1$，$0 \leq \varphi \leq \pi$ と連立して考えると，

$$\therefore (l, m, n, \varphi) = (0, 0, \pm 1, \frac{\pi}{2})$$

となるから，

$$\vec{a} = \begin{pmatrix} 1 \\ 0 \\ 0 \end{pmatrix}, \vec{b} = \begin{pmatrix} 0 \\ 1 \\ 0 \end{pmatrix}, \vec{c} = \begin{pmatrix} 0 \\ 0 \\ \pm 1 \end{pmatrix}$$

であって，確かに $\vec{a}, \vec{b}, \vec{c}$ は互いに直交している。■

逆にこのとき，$x^2 + y^2 + z^2 = 1$ なる任意の実数 x, y, z に対して

$$g(x, y, z) = (\vec{a} \cdot \vec{d})^2 + (\vec{b} \cdot \vec{d})^2 + (\vec{c} \cdot \vec{d})^2 = x^2 + y^2 + z^2 = 1$$

であるから十分でもある。

(3) $\vec{p} = \vec{a} + 2\vec{b} + 3\vec{c}$ のとき，

$$(\vec{a} \cdot \vec{p})^2 + (\vec{b} \cdot \vec{p})^2 + (\vec{c} \cdot \vec{p})^2 = g(1, 2, \pm 3) = 1^2 + 2^2 + (\pm 3)^2 = 14 \quad ■$$

[補足]

解き終わってから振り返ってみると結構大変な問題でしたね。解答・別解ともに何点か補足しておきます。まずは両者に共通することから。

いずれも必要性から絞る解答であるため，十分性にも言及しておきましたが，受験生のレベルではこの記述がなくても減点はないかもしれません。この辺りは入試数学のグレーゾーンで，「絶対に書いておきなさい！」とも，「時間短縮のために書かなくてもよい」とも一概には言えません。減点されるか否かは，採点官の杓子定規や他の受験生との相対評価になるでしょう。

与えられた条件は，

(＊)「任意の単位ベクトル $\vec{d}$ に対して $(\vec{a} \cdot \vec{d})^2 + (\vec{b} \cdot \vec{d})^2 + (\vec{c} \cdot \vec{d})^2$ は一定値 k となる」

であり，特殊ケースの $\vec{d}$ だけを考えて

$$k = 1 \text{ かつ } \vec{a}, \vec{b}, \vec{c} \text{ は互いに直交する} \quad \cdots (☆)$$

を導いただけでは，

「(＊)なる現象を成り立たせる可能性があるのは(☆)のときに限るが，
実は(＊)の現象は事実上アリエナイことかもしれない」

までしか言えないからです。そこで，(＊)が実現可能であることを保証するために，十分性の確認が必須となります。

ただし，これまた厄介なことに「○○のとき△△の値を求めよ」といった類の問題では，**慣習的に十分性の確認が省略されることもしばしばです。**

例えば，分数式 $\dfrac{b+c}{a} = \dfrac{c+a}{b} = \dfrac{a+b}{c}$ の値を求めるとき，$= k$ として分母を払い，

$$b + c = ak, \quad c + a = bk, \quad a + b = ck$$

の辺々を加えて

$$2(a+b+c) = (a+b+c)k \iff (k-2)(a+b+c) = 0$$

$$\therefore a + b + c = 0 \text{ or } k = 2$$

そして，$a+b+c=0$ のときは $b+c=-a$ などを元の式に代入して $k=-1$。これらをすべて合わせて
$$\therefore \ k=2 \ \text{or} \ -1$$
で済ませるのが普通です。

しかし，厳密に考えると「$b+c=ak,\ c+a=bk,\ a+b=ck$ の辺々を加える」という操作は，"⇒"の向きは保証するものの"⇐"の向きは保証されません。つまり $k=2$ or -1 は分数式 $\dfrac{b+c}{a}=\dfrac{c+a}{b}=\dfrac{a+b}{c}$ の値としての候補に過ぎず，

「分数式 $\dfrac{b+c}{a}=\dfrac{c+a}{b}=\dfrac{a+b}{c}$ の値として考えられるのは2か-1しかないが，本当にこれら2つの値をとり得るのかは分からない」

が正確なところです。

本来ならば，

「例えば $a=b=c=1$ とすれば確かに $k=2$ となり，

例えば $a=-2,\ b=c=1$ とすれば $k=-1$ となる」

のように，具体的に $a,\ b,\ c$ の値を明記して十分性の確認をしなければなりません。

こういった慣例的なことを踏まえると，十分性の記述がなかったとしても当時の九州大学は減点をしなかった可能性があるワケです。

「で，結局どうすればイイのよ？」

と思うかもしれませんが，この部分に関しては君達の判断に任せます。少々面倒でも完全な答案にこだわるなら十分性の確認をするべきでしょうし，時間短縮に努めたいのならば省略するのも1つの作戦だと思います。ただし，個人的な印象として，**必要十分性にかなりこだわる京大数学では完全な答案を書き上げる方が無難**だと思います。

では，次の注意点に話を移します。解答の方で，

「$k \geqq 1$ かつ $-1 \leqq k \leqq 1$」 ⇔ $k=1$

と処理しているのがかなり技巧的に感じられるかもしれません。確かに

〈鉄則〉－困難の分割－

2つのものが等しいことを言うときに，
- 実数ならば，　　$a=b$ ⇔ 「$a \geqq b$ かつ $a \leqq b$」
- 集合ならば，　　$A=B$ ⇔ 「$A \subseteqq B$ かつ $A \supseteqq B$」

を利用すると簡単に証明完了することもある。

といった〈鉄則〉もあるにはあるんですけど，使うべきときに適切に使えるようになるには相当な経験を積まねばならず，①～③以降，議論が進まなかった人も多いことでしょう。

$$1+(\vec{a}\cdot\vec{b})^2+(\vec{c}\cdot\vec{a})^2=k \quad\quad\quad \cdots\cdots ①$$
$$(\vec{c}\cdot\vec{h})^2=k \quad\quad\quad \cdots\cdots ③$$

をジ〜ッと眺めていれば，ふとした瞬間に

「アレ？　これって，kって1以上で1以下になるんじゃないの？」

と気づくことも無理ではありませんが，

連立するべき式をすべて視野に入れて，よくよく考察する姿勢

がなければ難しいでしょう．不等条件2つから等式の条件に直すのは使用頻度が低くて，概して難易度が高いんですよね．ウ〜ン，座標設定せずに完答するのは高級過ぎたかな？

これに対して座標設定してから $\begin{pmatrix} x \\ y \\ z \end{pmatrix} = \begin{pmatrix} 1 \\ 0 \\ 0 \end{pmatrix}, \begin{pmatrix} 0 \\ 1 \\ 0 \end{pmatrix}, \begin{pmatrix} 0 \\ 0 \\ 1 \end{pmatrix}$ とするのはそこそこ自然な発想です．こちらの方はいつでもできるようにならなければいけません．こう考えると，座標設定して解答する方を本解にするべきだったかもしれませんね(笑)．

さて，最後の注意点に話を移します．

座標設定したときに，"係数比較"で解答できないのか疑問に感じる人も少なくないでしょう．結論から言うと本問では"不可能"です．

仮に，
$$g(x, y, z) = (1+\cos^2\varphi+l^2)x^2 + (\sin^2\varphi+m^2)y^2 + n^2z^2 + 2(\cos\varphi\sin\varphi+lm)xy + 2mnyz + 2nlzx$$
の x, y, z の係数がすべて0になるように
$$1+\cos^2\varphi+l^2 = \sin^2\varphi+m^2 = n^2 = \cos\varphi\sin\varphi+lm = mn = nl = 0$$
とすると，一定値kは$k=0$となって解答と値がズレます．どこに誤りがあるのでしょうか？

実は，「$g(x, y, z)$ はどのような (x, y, z) に対しても一定値kとなる」ではなく，

「$x^2+y^2+z^2=1$ なるすべての (x, y, z) に対して $g(x, y, z)$ は一定値kをとる」

ですから，$g(x, y, z)$ の係数をそのまますべて0にする部分に誤りが発生するワケです．

正しくは，$g(x, y, z)$ から1文字を消去し(ここではzを消去)，
$$g(x, y, z) = (1+\cos^2\varphi+l^2)x^2 + (\sin^2\varphi+m^2)y^2 + n^2(1-x^2-y^2)$$
$$+ 2(\cos\varphi\sin\varphi+lm)xy \pm 2mny\sqrt{1-x^2-y^2} \pm 2nlx\sqrt{1-x^2-y^2}$$

を改めて x, y について整頓した式の係数が0となるようにします．

しかしながら，根号が登場してしまった以上，「x, yについて整理する」のが事実上不可能となるため，結局"係数比較"による解法は却下となるワケです．分かりましたか？

☞ CHECK!10

どのような自然数nに対しても $\sum_{k=1}^{n}(ak^2+bk+1)$ が常にnで割り切れるような整数 a, b の組 (a, b) は $0<a\leq 6m$ かつ $0<b\leq 6m$ (ただしmは自然数)の範囲に全体で何組あるか．その個数をmで表せ．

〔94年大阪大学・共通・前期〕

[考え方]

本問はそれほど難しくはありません。$\sum_{k=1}^{n}(ak^2+bk+1)$ を計算すると
$$\sum_{k=1}^{n}(ak^2+bk+1)=n\left\{\frac{a}{6}(n+1)(2n+1)+\frac{b}{2}(n+1)+1\right\}$$
となるため，$\frac{a}{6}(n+1)(2n+1)+\frac{b}{2}(n+1)+1$ が任意の自然数 n で整数値となるように a, b を定めることになります。安直に「a は 6 の倍数で b が 2 の倍数である」と結論づけてしまうと，間違った結論に至ります。「a は 6 の倍数で b が 2 の倍数である」は，題意の状況に対して十分条件に過ぎないからです。正確に議論を進めるためには「必要から十分へ」に頼るしかありません。$n=2, 3$ を代入してみるのは難しくないでしょう。

解 答

$$\sum_{k=1}^{n}(ak^2+bk+1)=n\left\{\frac{a}{6}(n+1)(2n+1)+\frac{b}{2}(n+1)+1\right\}$$
が，常に自然数 n で割り切れるためには，

$\frac{a}{6}(n+1)(2n+1)+\frac{b}{2}(n+1)+1$ が任意の自然数 n に対して整数となる ‥‥(*)

ことが必要十分。

さて，$T(n)=\frac{a}{6}(n+1)(2n+1)+\frac{b}{2}(n+1)+1$ として $n=2, 3$ とすると，
$$T(2)=\frac{5a}{2}+\frac{3b}{2}+1=2a+b+1+\frac{a+b}{2}$$
$$T(3)=\frac{14a}{3}+2b+1=5a+2b+1-\frac{a}{3}$$
が整数となることから，整数 M, N を用いて，
$$a+b=2M,\ a=3N\ （M, Nは整数） \quad\cdots(☆)$$
と書けることが必要。

逆にこのとき，
$$T(n)=\frac{N}{2}(n+1)(2n+1)+\frac{2M-3N}{2}(n+1)+1$$
$$=N(n^2-1)+M(n+1)+1$$
となって，確かに任意の自然数 n に対して $T(n)$ は整数となるから十分でもある。

したがって，$0<a\leq 6m, 0<b\leq 6m$ の範囲に (☆) となるような整数 (a, b) がいくつあるかを求めればよい。

$0<3N\leq 6m \Leftrightarrow 0<N\leq 2m$ なる N を 1 つ固定したとき，その 1 つ 1 つの $a=3N$ に対して，$0<2M-3N\leq 6m \Leftrightarrow \frac{3}{2}N<M\leq 3m+\frac{3}{2}N$ を満たす M が $3m$ 個定まるから（右図），求める (a, b) の組み合わせは，

$$\therefore\ 2m\cdot 3m=6m^2\ （個） \quad\blacksquare$$

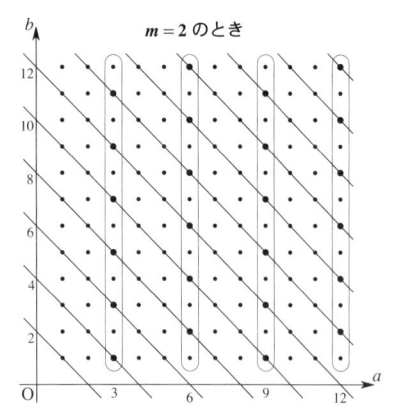

☞CHECK!11

(1) 関数 $f(x)$ はすべての実数で定義されていて，連続な第2次導関数 $f''(x)$ をもつとする。
　このとき，
$$\int_0^x \{f(t)+f''(t)\}\sin t\,dt = f(0)-f(x)\cos x + f'(x)\sin x$$
が成り立つことを示せ。

(2) 不定積分 $\int xe^x \sin x\,dx$ を求めよ。

〔06年京都府立医科大学・前期〕

考え方

本編の〈鉄則〉でも触れたように，一般に
$$F(x)=\int_a^x f(t)dt \iff \lceil F'(x)=f(x) \text{ かつ } F(a)=0\rfloor$$
が成り立ちます。(1)はこれを目標にすればよいでしょう。

　さて，少々苦戦するとすれば(2)で，あからさまに(1)の利用が疑われます。恐らく(1)の $f(x)$ を何らかのものにして，上手に積分計算を進めるのでしょう。

　こういった問題に出くわしたとき，僕は必ずと言っていいほど，

「アホでも思いつく素朴な発想を大事にしなさい！」

と授業することにしています。正解は素朴な発想の延長線上にあることが多いんですよね。

　本問で深く考えずに $f(x)$ を決めるならば，きっと $f(x)=xe^x$ が第一の候補に挙がるでしょう。これにはみんな異存はないと思います。そして，素直に $f''(x)$ まで計算すると，
$$f'(x)=xe^x+e^x$$
$$f''(x)=xe^x+2e^x$$
ですから，
$$\int_0^x \{f(t)+f''(t)\}\sin t\,dt = \int_0^x 2(te^t+e^t)\sin t\,dt$$
となります。

　しかし，これではあまり意味がありません。

「$\{f(t)+f''(t)\}\sin t$ を計算したときに $te^t \sin t$ となるように」

しなければなりません。

　そこで，$f''(x)=xe^x+2e^x$ で出てくる余分な e^x を初めから引いておき，全体の2分の1をして，うまく帳尻を合わせるワケです。

解答

(1) 示すべき等式を
$$\int_0^x \{f(t)+f''(t)\}\sin t\,dt = f(0)-f(x)\cos x + f'(x)\sin x \quad \cdots(*)$$
としておく。このとき，
$$\left(\int_0^x \{f(t)+f''(t)\}\sin t\,dt\right)\bigg|_{x=0}=0$$
$$(f(0)-f(x)\cos x+f'(x)\sin x)\big|_{x=0}=f(0)-f(0)\cos 0+f'(0)\sin 0=0$$

であるから，
$$x=0 \text{ において等式}(*)\text{は成り立つ} \qquad \cdots\text{①}$$

また，$(*)$の両辺をxで微分することを考えると，それぞれ，
$$\frac{d}{dx}\left(\int_0^x \{f(t)+f''(t)\}\sin t\,dt\right) = \{f(x)+f''(x)\}\sin x$$
$$\frac{d}{dx}(f(0)-f(x)\cos x + f'(x)\sin x) = -f'(x)\cos x + f(x)\sin x + f''(x)\sin x + f'(x)\cos x$$
$$= \{f(x)+f''(x)\}\sin x$$

となるから，
$$\frac{d}{dx}\left(\int_0^x \{f(t)+f''(t)\}\sin t\,dt\right) = \frac{d}{dx}(f(0)-f(x)\cos x + f'(x)\sin x) \qquad \cdots\text{②}$$

したがって，①，②を合わせて，等式$(*)$の成立が保証された。■

(2) $f(x) = \dfrac{xe^x - e^x}{2}$ とおくことにすれば，
$$f'(x) = \frac{xe^x + e^x - e^x}{2} = \frac{xe^x}{2}$$
$$f''(x) = \frac{xe^x + e^x}{2}$$

であって，
$$\{f(t)+f''(t)\}\sin t = te^t\sin t$$

だから，(1)の結論を用いると，
$$\int_0^x te^t\sin t\,dt = -\frac{1}{2} - \frac{xe^x - e^x}{2}\cdot\cos x + \frac{xe^x}{2}\cdot\sin x$$

であるから，これを両辺微分した後に不定積分して，
$$\therefore \int xe^x\sin x\,dx = \frac{xe^x(\sin x - \cos x) + e^x\cos x}{2} + C \quad (C\text{は積分定数}) \qquad ■$$

[補　足]

最後の最後で「両辺微分して不定積分する」というちょっとマヌケなことをしていますが，(1)が定積分の証明で，(2)が不定積分の計算であるため仕方がありません。

(2)を「$\int_0^x te^t\sin t\,dt$ を計算せよ」とするのが素直だと思うんですけど−−−−積分定数のCを忘れないかどうか問いたかったのでしょうか？

☞ CHECK!12

関数 $f_n(x)$ $(n=1, 2, 3, \cdots)$ は，$f_1(x) = 4x^2 + 1$
$$f_n(x) = \int_0^1 \{3x^2 tf_{n-1}'(t) + 3f_{n-1}(t)\}dt \quad (n=2, 3, 4, \cdots)$$
で，帰納的に定義されている。この$f_n(x)$を求めよ。

〔98年京都大学・理系・後期〕

[考え方]

まずは，積分変数とは無関係なxを$\int$記号の外に追い出します。あとは，本編の〈鉄則〉で紹介した

② $\int_a^b f(t)dt$（a, b は定数）は定数であり，"$= k$" とおける。

を応用して，

$$a_n = \int_0^1 tf_n{}'(t)dt,\ b_n = \int_0^1 f_n(t)dt\ (n = 1,\ 2,\ 3,\ \cdots)$$

とし，$\{a_n\}$, $\{b_n\}$ に対する連立漸化式を立てればOKです。この流れはどの大学であっても超頻出ですから必ずできるようになっておきましょう。

因みに，関数列の問題は

〈鉄則〉 －関数列の問題－

　関数列 $\{f_n(x)\}$ の問題は，

① $f_n(x)$ の形を予想して数学的帰納法。

② $f_n(x)$ が整式で次数が不変のときに限って，係数に関する漸化式を立て，実数の漸化式に帰着する。

のいずれかで扱うことがほとんど。

が〈鉄則〉です。今回は②の方針ですね。

解　答

$$f_n(x) = 3x^2 \int_0^1 tf_{n-1}{}'(t)dt + 3\int_0^1 f_{n-1}(t)dt\ (n = 2,\ 3,\ 4,\ \cdots)$$

であり，

$$a_n = \int_0^1 tf_n{}'(t)dt,\ b_n = \int_0^1 f_n(t)dt\ (n = 1,\ 2,\ 3,\ \cdots)$$

と定めることにすると，

$$f_1(x) = 4x^2 + 1$$
$$f_n(x) = 3a_{n-1}x^2 + 3b_{n-1}\ (n = 2,\ 3,\ 4,\ \cdots) \quad \cdots(\ast)$$

となる。

さて，$f_n{}'(x) = 6a_{n-1}x$ なども踏まえると，

$$a_{n+1} = \int_0^1 t(6a_n t)dt = \int_0^1 (6a_n t^2)dt = \left[2a_n t^3\right]_0^1 = 2a_n\ (n = 1,\ 2,\ 3,\ \cdots) \quad \cdots ①$$

$$b_{n+1} = \int_0^1 (3a_n t^2 + 3b_n)dt = \left[a_n t^3 + 3b_n t\right]_0^1 = a_n + 3b_n\ (n = 1,\ 2,\ 3,\ \cdots) \quad \cdots ②$$

であって，初項 a_1, b_1 を計算すると，

$$a_1 = \int_0^1 tf_1{}'(t)dt = \int_0^1 (8t^2)dt = \left[\frac{8}{3}t^3\right]_0^1 = \frac{8}{3} \quad \cdots ③$$

$$b_1 = \int_0^1 f_1(t)dt = \int_0^1 (4t^2 + 1)dt = \left[\frac{4}{3}t^3 + t\right]_0^1 = \frac{7}{3} \quad \cdots ④$$

だから，①，③より，数列 $\{a_n\}$ は初項 $a_1 = \dfrac{8}{3}$，公比 2 の等比数列であることを意味し，

$$\therefore\ a_n = \frac{8}{3} \cdot 2^{n-1} = \frac{2^{n+2}}{3}\ (n = 1,\ 2,\ 3,\ \cdots) \quad \cdots ⑤$$

②と⑤より，

$$b_{n+1} = 3b_n + \frac{2^{n+2}}{3} \quad (n=1, 2, 3, \cdots) \quad \cdots(\text{☆})$$

$$\therefore \frac{b_{n+1}}{3^{n+1}} = \frac{b_n}{3^n} + \left(\frac{2}{3}\right)^{n+2} \quad (n=1, 2, 3, \cdots)$$

上式は数列 $\left\{\dfrac{b_n}{3^n}\right\}$ が，初項 $\dfrac{b_1}{3} = \dfrac{7}{9}$ ［∵ ④］，階差数列が $\left(\dfrac{2}{3}\right)^{n+2}$ であることを示しているから，$n \geq 2$ のとき，

$$\frac{b_n}{3^n} = \frac{b_1}{3} + \sum_{k=1}^{n-1} \left(\frac{2}{3}\right)^{k+2} = \frac{7}{9} + \frac{\frac{2^3}{3^3}\left\{1-\left(\frac{2}{3}\right)^{n-1}\right\}}{1-\frac{2}{3}} = \frac{5}{3} - 3\left(\frac{2}{3}\right)^{n+2} \quad (n=2, 3, 4, \cdots)$$

となる．さらに，これは $n=1$ のときの $\dfrac{b_1}{3} = \dfrac{7}{9}$ に合致するから，

$$\frac{b_n}{3^n} = \frac{5}{3} - 3\left(\frac{2}{3}\right)^{n+2} \quad (n=1, 2, 3, \cdots)$$

$$\therefore b_n = \frac{5 \cdot 3^n - 2^{n+2}}{3} \quad (n=1, 2, 3, \cdots) \quad \cdots ⑥$$

(*), ⑤, ⑥より，

$$f_n(x) = 2^{n+1} \cdot x^2 + 5 \cdot 3^{n-1} - 2^{n+1} \quad (n=2, 3, 4, \cdots)$$

だが，これは $n=1$ のときの $f_1(x) = 4x^2 + 1$ に合致するから，

$$\therefore f_n(x) = 2^{n+1} \cdot x^2 + 5 \cdot 3^{n-1} - 2^{n+1} \quad (n=1, 2, 3, \cdots) \quad ■$$

補足

漸化式を解く際，得てして受験生は"添え字の有効範囲"をおざなりに済ませてしまう傾向にあるようですが，なるべく注意を払う癖をつけておく方がよいでしょう．僕自身も高校時代は気に留めていなかったんですけど，"添え字の有効範囲"に注意しなければ答が多少ズレてきてしまう問題もあるため，

「漸化式にはつぶさに n の有効範囲を添える」

ように改めました．君達も，面倒がらずに "$(n=1, 2, 3, \cdots)$" などを適宜添えるようにしてはいかがでしょうか？　これは，帰納法のアルゴリズムを作成するときも同様で，

「［Ⅱ］$n=k$ ($k=1, 2, 3, \cdots$) での成立を仮定して」

のように，どの範囲の自然数を代表させたのか明確にするべく "$(k=1, 2, 3, \cdots)$" を添えておいた方が無難です．

お次は漸化式の解法に関して補足しておきます．上記の解答では

$$b_{n+1} = 3b_n + \frac{2^{n+2}}{3} \quad (n=1, 2, 3, \cdots) \quad \cdots(\text{☆})$$

の辺々を 3^{n+1} で割り，数列 $\left\{\dfrac{b_n}{3^n}\right\}$ をカタマリと見ることで階差数列の形に帰着しましたが，

$$(\text{☆}) \Leftrightarrow b_{n+1} + \frac{2^{n+3}}{3} = 3\left(b_n + \frac{2^{n+2}}{3}\right) \quad (n=1, 2, 3, \cdots)$$

のように式変形して，数列 $\left\{b_n + \dfrac{2^{n+2}}{3}\right\}$ をカタマリにとるのもアリでしょうし，

$$(☆) \Leftrightarrow \frac{b_{n+1}}{2^{n+1}} = \frac{3}{2} \cdot \frac{b_n}{2^n} + \frac{2}{3} \quad (n = 1, 2, 3, \cdots)$$

のように辺々2^{n+1}で割って，数列$\left\{\dfrac{b_n}{2^n}\right\}$の特性方程式型に帰着するのもよいでしょう．

なかなか気づきにくいんですけど，最初から

$$a_{n+1} = 2a_n \quad (n = 1, 2, 3, \cdots) \quad \cdots ①$$
$$b_{n+1} = a_n + 3b_n \quad (n = 1, 2, 3, \cdots) \quad \cdots ②$$

の辺々を加えて

$$a_{n+1} + b_{n+1} = 3(a_n + b_n) \quad (n = 1, 2, 3, \cdots)$$

とし，数列$\{a_n + b_n\}$をカタマリとするのも1つの手です．

このように，たくさん解法がありますが，どれを用いて解答してもらっても構いません．ただし，漸化式の基本精神が，

〈鉄則〉－漸化式解法の基本精神－

　漸化式の解法は非常に多岐に渡るが，そのすべては，「**与えられた漸化式を上手に式変形して，(右辺)と(左辺)で丁度 $n \to n+1$ とズレている**」ようにする．そして，「**添え字がズレているカタマリ部分を新しい数列とみる**」ことによって，

① 2項間漸化式の等比数列に帰着する．
② 2項間漸化式の階差数列に帰着する．
③ 2項間漸化式において漸化式を繰り返し用いる．

のいずれかを用いて漸化式を解くということに集約される．

であることはおさえておきましょう．

☞ CHECK! 13

　Nを正の整数とする．Nの正の約数nに対し $f(n) = n + \dfrac{N}{n}$ とおく．このとき，次の各Nに対して $f(n)$ の最小値を求めよ．

(1) $N = 2^k$，ただしkは正の整数
(2) $N = 7!$

〔95年東京大学・理系・前期〕

考え方

　連続関数 $y = f(x) = x + \dfrac{N}{x}$ のグラフを描いてイメージをつかみましょう．ただし，例題とは違い，整数全体が定義域となるのではなくNの約数に限ることに注意してください．
　因みに，本問は(1)と(2)で同じ方針を用いるものの，これらは独立小問のイメージです．東大では極めて珍しいと言えるでしょう．

解答

連続関数 $f(x) = x + \dfrac{N}{x}$ $(x > 0)$ において，
$$f'(x) = 1 - \dfrac{N}{x^2} = \dfrac{(x-\sqrt{N})(x+\sqrt{N})}{x^2}$$
であるから，$f(x)$ の増減表と $y = f(x)$ $(x>0)$ のグラフは次のようになる。

x	(0)	$\cdots$	$\sqrt{N}$	$\cdots$	$(+\infty)$
$f'(x)$	×	$-$	0	$+$	×
$f(x)$	$(+\infty)$	↘	$2\sqrt{N}$	↗	$(+\infty)$

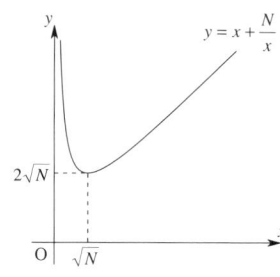

(1) $N = 2^k$ $(k = 1, 2, \cdots)$ のとき，N の約数は $1, 2, 2^2, \cdots, 2^k$ である。

　ⅰ) k が奇数 $k = 2m-1$ $(m = 1, 2, \cdots)$ の形のとき，グラフは右図のようになるから，最小値となるのは $n = 2^{m-1}$ or 2^m のときであり，求める最小値は
$$f(2^{m-1}) = f(2^m) = 2^{m-1} + \dfrac{2^{2m-1}}{2^{m-1}} = 3 \cdot 2^{m-1}$$

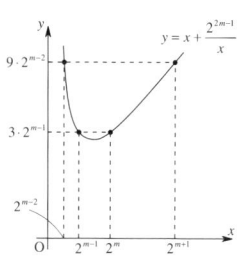

　ⅱ) k が偶数 $k = 2m$ $(m = 1, 2, \cdots)$ の形であるとき，グラフは右図となって，最小値となるのは $n = 2^m$ のときで，最小値は
$$f(2^m) = 2^m + \dfrac{2^{2m}}{2^m} = 2^{m+1}$$

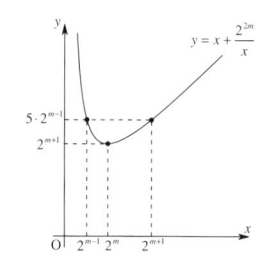

以上ⅰ)，ⅱ)をまとめて，k を用いて書き直すと，

$$\therefore \begin{cases} k \text{ が奇数のとき，最小値 } 3 \cdot 2^{\frac{k-1}{2}} \\ k \text{ が偶数のとき，最小値 } 2^{\frac{k}{2}+1} \end{cases} \blacksquare$$

(2) $N = 7! = 5040$ であるとき，
$$70^2 = 4900, \ 71^2 = 5041$$
であるから，$70 < \sqrt{7!} < 71$ であり，

　　$70 = 2 \cdot 5 \cdot 7$ だから $7!$ の約数

　　71 は素数で $7!$ の約数ではない

　　$72 = 3 \cdot 4 \cdot 6$ だから $7!$ の約数

したがって，グラフは右図のようになるから，求める最小値は，

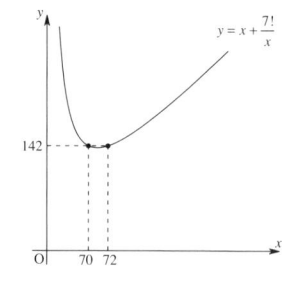

$$\therefore f(70) = f(72) = 142 \quad \blacksquare$$

◆CHECK!14

Oを中心とする円周上に相異なる3点 A_0, B_0, C_0 が時計回りの順におかれている。自然数nに対し,点 A_n, B_n, C_n を次の規則で定めていく。

（イ） A_n は弧 $A_{n-1}B_{n-1}$ を二等分する点である。(ここで弧 $A_{n-1}B_{n-1}$ は他の点C_{n-1} を含まない方を考える。以下においても同様である。)

（ロ） B_n は弧 $B_{n-1}C_{n-1}$ を二等分する点である。

（ハ） C_n は弧 $C_{n-1}A_{n-1}$ を二等分する点である。

$\angle A_nOB_n$ の大きさをα_nとする。ただし，$\angle A_nOB_n$ は点C_nを含まない方の弧 A_nB_n の中心角を表す。

(1) すべての自然数nに対して $4\alpha_{n+1} - 2\alpha_n + \alpha_{n-1} = 2\pi$ であることを示せ。
(2) すべての自然数nに対して $\alpha_{n+2} = \frac{3}{4}\pi - \frac{1}{8}\alpha_{n-1}$ であることを示せ。
(3) α_{3n} を α_0 で表せ。

〔95年京都大学・共通・後期〕

考え方

本編でも述べたように，漸化式の立式は全称系の例外です。帰納法などには頼りません。問題文の雰囲気から騙されたりしないように。

さて，"点列"や"ベクトル列"などといった"図形列"の問題では

「一般の添え字nのまま $n \to n+1$ への移行状況を図に起こす」

のが1つのコツ。丁寧に大きな図を描いて考えましょう。その際，$\angle B_nOC_n$, $\angle C_nOA_n$ を β_n, γ_n として補助数列を設定しておくとよいでしょう。

(2)では"3跳びの漸化式"を導きます。「(1)の漸化式を繰り返し用いればうまくいくのだろう」と見当をつけることは難しくありませんね？

解　答

(1) 0以上の整数nに対して
　　$\angle A_nOB_n = \alpha_n$, $\angle B_nOC_n = \beta_n$, $\angle C_nOA_n = \gamma_n$
としておく。

題意の状況を図にしたものを参考にすると，1以上の整数nに対して

$$\begin{cases} \alpha_n = \dfrac{\alpha_{n-1} + \beta_{n-1}}{2} & \cdots\cdots\text{①} \\ \beta_n = \dfrac{\beta_{n-1} + \gamma_{n-1}}{2} & \cdots\cdots\text{②} \\ \gamma_n = \dfrac{\gamma_{n-1} + \alpha_{n-1}}{2} & \cdots\cdots\text{③} \end{cases}$$

が成り立つことが分かり，また，

$$\alpha_n + \beta_n + \gamma_n = 2\pi \quad (n = 0, 1, 2, \cdots) \qquad \cdots\cdots\text{④}$$

である。

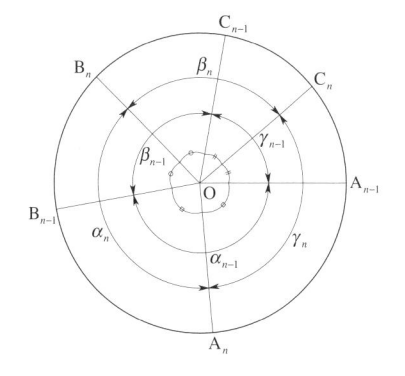

さて，①，②，④を用いると，2以上の整数nに対して，

$$\alpha_n = \frac{\alpha_{n-1} + \beta_{n-1}}{2}$$

$$= \frac{\alpha_{n-1} + \dfrac{\beta_{n-2} + \gamma_{n-2}}{2}}{2} \quad [\because ②]$$

$$= \frac{\alpha_{n-1} + \dfrac{2\pi - \alpha_{n-2}}{2}}{2} \quad [\because ④]$$

$$= \frac{\alpha_{n-1}}{2} - \frac{\alpha_{n-2}}{4} + \frac{\pi}{2} \quad (n=2, 3, 4, \cdots) \qquad \cdots(*)$$

$$\therefore\ 4\alpha_{n+1} - 2\alpha_n + \alpha_{n-1} = 2\pi \quad (n=1, 2, 3, \cdots) \quad \blacksquare$$

(2) $(*)$を繰り返し用いると，1以上の整数nに対して，

$$\alpha_{n+2} = \frac{\alpha_{n+1}}{2} - \frac{\alpha_n}{4} + \frac{\pi}{2}$$

$$= \frac{1}{2}\left(\frac{\alpha_n}{2} - \frac{\alpha_{n-1}}{4} + \frac{\pi}{2}\right) - \frac{\alpha_n}{4} + \frac{\pi}{2}$$

$$= \frac{3}{4}\pi - \frac{1}{8}\alpha_{n-1}$$

$$\therefore\ \alpha_{n+2} = \frac{3}{4}\pi - \frac{1}{8}\alpha_{n-1} \quad (n=1, 2, 3, \cdots) \qquad \cdots(☆)$$

が成り立つから，題意の通りである。$\blacksquare$

(3) ここで，$a_m = \alpha_{3m}$ ($m=0, 1, 2, \cdots$) で新しく数列$\{a_m\}$を定めることにすると，(☆)により，

$$a_{m+1} = \frac{3}{4}\pi - \frac{1}{8}a_m \quad (m=0, 1, 2, \cdots)$$

$$\Leftrightarrow\ a_{m+1} - \frac{2}{3}\pi = -\frac{1}{8}\left(a_m - \frac{2}{3}\pi\right) \quad (m=0, 1, 2, \cdots)$$

のようになるから，数列$\left\{a_m - \dfrac{2}{3}\pi\right\}$は初項$a_0 - \dfrac{2}{3}\pi = \alpha_0 - \dfrac{2}{3}\pi$，公比$-\dfrac{1}{8}$，項数が$m+1$の等比数列となっていることが分かる。

$$\therefore\ a_m - \frac{2}{3}\pi = \left(\alpha_0 - \frac{2}{3}\pi\right)\left(-\frac{1}{8}\right)^m \quad (m=0, 1, 2, \cdots)$$

したがって，

$$\therefore\ \alpha_{3n} = \frac{2}{3}\pi + \left(\alpha_0 - \frac{2}{3}\pi\right)\left(-\frac{1}{8}\right)^n \quad (n=0, 1, 2, \cdots) \quad \blacksquare$$

補 足

①，②，③，④を連立して結論の$4\alpha_{n+1} - 2\alpha_n + \alpha_{n-1} = 2\pi$を導く部分では少し頭を使いましょう。結論の式を観察すると，α_{n+1}とα_nの係数比は$2:(-1)$となっています。

こういった観察から，「①から得られるα_{n-1}の部分は何もせずにそのままでいいんだろうなぁ」と見当がつき，②を用いてβ_{n-1}を書き換えると，あとはすんなり結論まで辿り着くことが分かるワケです。

$$4\alpha_{n+1} - 2\alpha_n + \alpha_{n-1} = 2\pi$$
$$2:(-1)$$

そのまま放置でよい

$$\alpha_n = \frac{\alpha_{n-1} + \beta_{n-1}}{2}$$

☞ CHECK! の解答   171

☞ **CHECK!15**

nを2以上の自然数とし，Xを実数とする。このとき，
$$X,\ 2X,\ 3X,\ \cdots,\ (n-1)X$$
のうち，ある整数から距離$\frac{1}{n}$以下となるものが少なくとも1つは存在することを示せ。

〔有名問題〕

|考え方|

まずは，

「本質は $X,\ 2X,\ \cdots,\ (n-1)X$ の小数部分のみであり，整数部分は無視しても構わない」

ということに着目しなければお話になりません。そして，その小数部分をクローズアップするべく，数列$\{\alpha_l\}$を
$$\alpha_l = lX - [lX]\ (l = 1,\ 2,\ \cdots,\ (n-1))$$
のように定めてα_lを主役に話を進めます。

こういったことが自然にできるようになるには，かなり数学に慣れ親しむ必要があります。難しい問題になってくると，このように

「とりあえず本質的な部分を文字で数式表現する」

のも重要になってくると言えるでしょう。

しかしながら，

「何の考察もせずにとりあえず数式表現するだけでは処理不能な煩雑さになる」

ような問題もあるため，「考察する」と「とりあえず立式する」のどちらが優先されるべきであるとも一概には言えません。やはり，

「色々な眺め方や方針を引っさげて臨機応変に対処する賢さを養う」

しかありません。まぁ，本問は入試問題よりも少々レベルが高いため，観賞用の問題と割り切ってもらってもイイかもしれませんけどね(笑)。

少々話が脱線してしまったので話を元に戻しましょう。小数部分だけに着目すればよいと気づくことができれば，半開区間 $[0,\ 1)$ をn個の等間隔の部屋に分けようという発想に至るのも難しくないかと。$\frac{1}{n}$ という距離が大切なのですからね。n個の半開区間
$$D_1 = [0,\ \frac{1}{n}),\ D_2 = [\frac{1}{n},\ \frac{2}{n}),\ \cdots,\ D_n = [\frac{n-1}{n},\ 1)$$
に分けます。すると，

$\alpha_1,\ \alpha_2,\ \cdots \alpha_{n-1}$ の $n-1$ 個の要素に対して部屋が $D_1,\ D_2,\ \cdots,\ D_n$ のn個

となってしまい，単純には部屋割りの考え方が利用できません。もう少し考察を加えて，

「D_1やD_nの両端に$\alpha_1,\ \alpha_2,\ \cdots \alpha_{n-1}$ のうちどれか1つでも入っていたら
それが整数値から距離$\frac{1}{n}$以下だからもう十分じゃん。だったら，
$D_2 \sim D_{n-1}$ に$\alpha_1,\ \alpha_2,\ \cdots \alpha_{n-1}$ がすべて含まれるときを考えればイイ」

と気づけるかどうかが本問の明暗を分けます。

解 答

2以上の自然数 n に対して，
$$\alpha_l = lX - [lX] \ (l = 1, 2, \cdots, (n-1))$$
で，集合 $A = \{\alpha_1, \alpha_2, \cdots, \alpha_{n-1}\}$ を定義する．ただし，ここに $[\ ]$ はガウス記号である．

このとき，$0 \leq \alpha_l < 1 \ (l = 1, 2, \cdots, (n-1))$ であるから，α_l は lX の小数部分を意味する．

他方，数直線上の $0 \leq x < 1$ の部分を n 個の区間
$$D_k = \left\{ x \ \middle| \ \frac{k-1}{n} \leq x < \frac{k}{n} \right\} (k = 1, 2, \cdots, n)$$
に n 等分しておく．

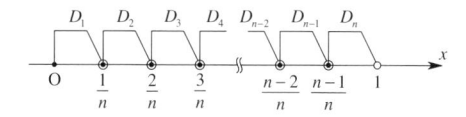

さて，$n = 2$ のとき，α_1 は2つの半開区間 $D_1 = [0, \frac{1}{2})$，$D_2 = [\frac{1}{2}, 1)$ のいずれかに含まれるはずであるから，X はある整数から距離 $\frac{1}{2}$ 以下にある．

以下，$n \geq 3$ のときについて考える．

i) 集合 A の中に，$\alpha_m \in D_1$ or $\alpha_m \in D_n$ なる添え字 $m \ (1 \leq m \leq (n-1))$ が存在したとすると，
$$\alpha_m = mX - [mX] \iff mX = [mX] + \alpha_m$$
これは，整数値から距離 $\frac{1}{n}$ 以下にあるので，これが題意を満たすものである．

ii) 集合 A のすべての要素が $D_2 \cup D_3 \cup \cdots \cup D_{n-1}$ に含まれているとすると，

$D_2, D_3, \cdots, D_{n-1}$ の $n-2$ 個の半開区間に $\alpha_1, \alpha_2, \cdots, \alpha_{n-1}$ の $n-1$ 個の要素が含まれることになるから，ディリクレの部屋割り論法により，

「2つ以上の A の要素を含む区間 $D_t \ (2 \leq t \leq n-1)$ が存在する」
と言える．

（α_i と α_j の左右はこの限りではない）

この2要素を $\alpha_i, \alpha_j \ (1 \leq i < j \leq n-1 \cdots ①)$ とすれば，$\alpha_i \in D_t$，$\alpha_j \in D_t$ なので，
$$\begin{cases} \dfrac{t-1}{n} \leq \alpha_i < \dfrac{t}{n} & \cdots ② \\ \dfrac{t-1}{n} \leq \alpha_j < \dfrac{t}{n} & \cdots ③ \end{cases}$$

そして，
$$iX = [iX] + \alpha_i \quad \cdots ④$$
$$jX = [jX] + \alpha_j \quad \cdots ⑤$$

☞CHECK! の解答　173

⑤ − ④ をして，
$$(j-i)X = [jX] - [iX] + (\alpha_j - \alpha_i)$$
そして，
$$s = j - i \text{ （整数）},\quad M = [jX] - [iX] \text{ （整数）},\quad \alpha = \alpha_j - \alpha_i \text{ （小数部分）}$$
と改めて書くことにすれば，①，②，③より，
$$1 \leq s \leq n-2,\quad -\frac{1}{n} < \alpha < \frac{1}{n}$$
つまり $sX = M + \alpha$ は，

$X, 2X, \cdots, (n-1)X$ のいずれかでかつある整数 M から距離 $\frac{1}{n}$ 未満のもの

と言えるが，これは ii) の前提であった「$\alpha_1 \sim \alpha_{n-1}$ までのすべてが $D_2 \cup D_3 \cup \cdots \cup D_{n-1}$ に含まれる」という事実に矛盾している。

したがって，「集合 A のすべての要素が $D_2 \cup D_3 \cup \cdots \cup D_{n-1}$ に含まれる」ようなことはありえない。

以上 i)，ii) より，$\alpha_1, \alpha_2, \cdots, \alpha_{n-1}$ までのうち，少なくとも 1 つは D_1 or D_n に含まれる α_m ($1 \leq m \leq n-1$) が存在するから，mX が「ある整数から距離 $\frac{1}{n}$ 以下のもの」となる。■

補足

④と⑤を辺々引いて得られる
$$(j-i)X = [jX] - [iX] + (\alpha_j - \alpha_i)$$
は，「実は $X, 2X, \cdots, (n-1)X$ のうちのどれかである」のが見抜きにくいと思います。

例題でもそうでしたけど，やっぱり不等関係
$$1 \leq i < j \leq n-1 \qquad\qquad\qquad\qquad \cdots\cdots①$$
まで視野に入れないとうまく議論が進まないような問題は少々難しいですね。

☞CHECK!16

xy 平面において，O を原点，A を定点 (1, 0) とする。また，P, Q は円周 $x^2 + y^2 = 1$ の上を動く 2 点であって，線分 OA から正の向きにまわって線分 OP にいたる角と，線分 OP から正の向きにまわって線分 OQ にいたる角が等しいという関係が成り立っているものとする。

点 P を通り x 軸に垂直な直線と x 軸との交点を R，点 Q を通り x 軸に垂直な直線と x 軸との交点を S とする。実数 $l \geq 0$ を与えたとき，線分 RS の長さが l と等しくなるような点 P, Q の位置は何通りあるか。

〔85年東京大学・理系〕

考え方

本問は "図形の存在問題" の類題としてここに紹介しました。パラメータを設定して，2 点 P, Q を表現しましょう。P($\cos\theta, \sin\theta$)，Q($\cos 2\theta, \sin 2\theta$) とするのは難しくありません。

そして，"パラメータの値" と "図形の位置状況" が 1 対 1 対応するようにパラメータ θ の範囲を設定することになりますが，安易に $0 \leq \theta < 2\pi$ とするのは感心できません。結果

的には $0 \leq \theta < 2\pi$ で正しいんですけど，何の説明もなくこうすると減点されても文句は言えません。なぜでしょうか？

例えば $P(\cos\theta, \sin\theta)$, $Q(\cos\dfrac{3\theta}{2}, \sin\dfrac{3\theta}{2})$ となるような別の設定の問題に取り組んだとしましょう。すると，2点 P, Q ともに
$$\theta = 0 \text{ のとき，} P = (1, 0), Q = (1, 0)$$
から出発し，反時計回りにグルグル回っていきます。

そして，$\theta = 2\pi$ のとき，点Pは初期状態の $P = (1, 0)$ に戻って来ていますが，点Qの方は $Q = (-1, 0)$ ですから初期状態に戻っていませんよね？

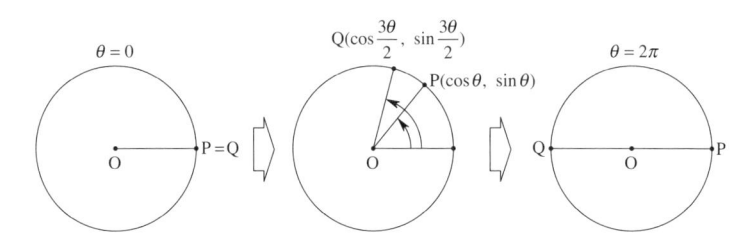

これはすなわち，

「θ の範囲を $0 \leq \theta < 2\pi$ とするだけでは，考えられ得る2点 P, Q の
位置関係すべてを考慮できているわけではない」

となります。正しくは $0 \leq \theta < 4\pi$ まで考慮しなければなりません。

こういったことがあるので，本問の $P(\cos\theta, \sin\theta)$, $Q(\cos 2\theta, \sin 2\theta)$ でも，

「$\theta = 0$ から出発して，$\theta = 2\pi$ で $P = Q = (1, 0)$ の初期状態に戻る」

を明記しておくのが無難だと言えるワケです。

また，例題と同じく**変数と定数の区別**も重要です。はっきり「問題文の*l*は定数である」と意識しておかなければ問題文の意味が分からなくなってしまいます。

[解 答]

題意により，$P(\cos\theta, \sin\theta)$, $Q(\cos 2\theta, \sin 2\theta)$ とおける。ここで，重複を避けるために θ の範囲を限定することにする。

点Pは 2π を周期とし，点Qは π を周期とする。したがって，2点 P, Q の位置関係の周期は 2π であるから $0 \leq \theta < 2\pi$ に限ってよく，このとき

θ の値と P, Q の位置関係は 1:1 に対応する

と言える。

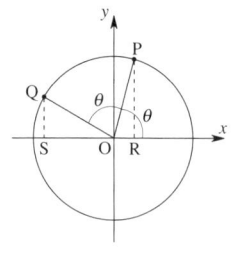

さて，題意が満たされるには RS = *l* となることであり，

$$RS = |\cos 2\theta - \cos\theta| = |2\cos^2\theta - \cos\theta - 1| \quad [\because \text{倍角公式}]$$

だから，

$|2\cos^2\theta - \cos\theta - 1| = l$

を満たす θ ($0 \leq \theta < 2\pi$) の実数解の個数を求めれば，それが P, Q の配置の場合の数に対応する。

ここで，$t = \cos\theta$ とおくと，$0 \leq \theta < 2\pi$ において，

(※) $\begin{cases} t<-1 \text{ or } 1<t \text{ では}\theta\text{は}0\text{個} \\ t=\pm1 \text{ では}\theta\text{は}1\text{個} \\ -1<t<1 \text{ では}\theta\text{は}2\text{個} \end{cases}$

の対応関係にある。

$$f(t) = |2t^2 - t - 1| = \left|2\left(t-\frac{1}{4}\right)^2 - \frac{9}{8}\right|$$

として，$y = f(t)$ ($-1 \leq t \leq 1$) と $y = l$ ($l \geq 0$) とのグラフの共有点を考え，(※)の対応と合わせると，求める場合の数 $N(l)$ は，

$$\therefore N(l) = \begin{cases} 3 & (l=0) \\ 6 & (0<l<\frac{9}{8}) \\ 4 & (l=\frac{9}{8}) \\ 2 & (\frac{9}{8}<l<2) \\ 1 & (l=2) \\ 0 & (l>2) \end{cases} \blacksquare$$

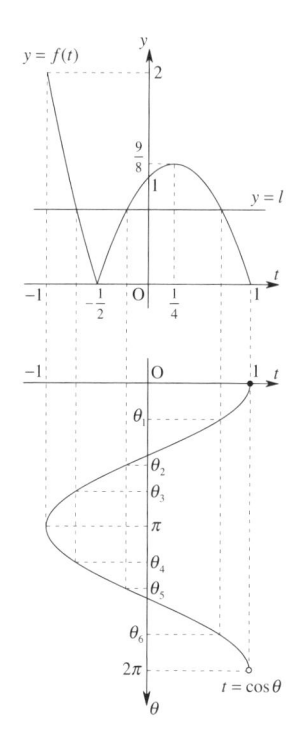

[補 足]

解答のように $\cos\theta$ を丸ごと t などとおき，整関数 $y = f(t)$ と直線 $y = l$ との共有点を考え，そこからさらに θ への対応を考慮する流れは常套手段です。君達なら一度は経験したことのある解法でしょう。他にも，

〈鉄則〉－三角関数の置換－

三角関数の置換には，

① $\sin\theta = t$ や $\cos\theta = t$ と丸ごとおく。

② **与えられた式が $\sin\theta$, $\cos\theta$ の対称式のときに限り**，$t = \sin\theta + \cos\theta$ とおき，$\sin\theta\cos\theta = \dfrac{t^2-1}{2}$ となることを利用して t のみの式にする。

③ $\cos\theta = X$, $\sin\theta = Y$ とおいて，点 (X, Y) を XY 平面上の単位円周上の点と見る。

④ $\tan\dfrac{\theta}{2} = t$ ($-\pi < \theta < \pi$) とおくと，$\cos\theta = \dfrac{1-t^2}{1+t^2}$, $\sin\theta = \dfrac{2t}{1+t^2}$ のように t の有理関数に直せることを利用する。

などがある。これ以外の置換は大抵誘導がついている。

ただし，以上の置換すべて，**置き換えた文字の変域には十分注意**する。

などの置換がありました。

④ $\tan\dfrac{\theta}{2} = t$ $(-\pi < \theta < \pi)$ とすれば $\cos\theta = \dfrac{1-t^2}{1+t^2}$, $\sin\theta = \dfrac{2t}{1+t^2}$ となる。

は知識めいた印象のせいか最近では流行らないようですが，他の①〜③は東大・京大・阪大入試では常識です。このうち，

② **与えられた式が $\sin\theta, \cos\theta$ の対称式のときに限り**，$t = \sin\theta + \cos\theta$ とおく。

は受験生の頭からポロッと抜け落ちる傾向にあるようなので，特に注意しておきましょう。

また，置換を用いて方程式の実数解を考える際，前頁のような一風変わったグラフの描き方をする手法はあまり世間では浸透していないように思います。対応関係が手早く読みとれるので，みんなもこういった絵を描いてみてはどうでしょうか？

☞ CHECK!17

次の等式を満たす関数 $f(x)$ $(0 \leq x \leq 2\pi)$ がただ1つ定まるための実数 a, b の条件を求めよ。また，そのときの $f(x)$ を決定せよ。

$$f(x) = \dfrac{a}{2\pi}\int_0^{2\pi}\sin(x+y)f(y)dy + \dfrac{b}{2\pi}\int_0^{2\pi}\cos(x-y)f(y)dy + \sin x + \cos x$$

ただし，$f(x)$ は区間 $0 \leq x \leq 2\pi$ で連続な関数とする。

〔01年東京大学・理系・前期〕

[考え方]

問題文を一読したとき，

「コレって a, b によって $f(x)$ が1通りにならなかったりするの？」

と疑心暗鬼になった人も少なくないのでは？ かくいう僕もその1人で，初見で取り組んだときにイマイチ問題文の言っていることがピンとこなかったんですよね。

でも，積分方程式の問題であるため初手でやることははっきりしています。

〈鉄則〉－積分方程式の扱い－

"関数方程式"の中で，積分記号を含んでいるものを特に"積分方程式"と呼ぶが，まず「**積分変数は一体何か？**」ということをはっきりさせることが大切。その上で，

① "関数方程式"と同様な方針に従う。

② $\int_a^b f(t)dt$ （a, b は定数）は定数であり，"$= k$" とおける。

③ $\int_a^b f(x, t)dt$ は最終的に x の関数であるが，積分変数は t なので，**積分実行段階では x は定数扱い**。まずは $\int$ 記号の中の x を追い出すことを考える。

④ $F(x) = \int_a^x f(t)dt$ は x の関数であり，

$$F(x) = \int_a^x f(t)dt \Leftrightarrow \lceil F'(x) = f(x) \text{ かつ } F(a) = 0 \rfloor$$

などの方針をおさえておく。

に従い，積分変数 y とは無関係な文字 x を $\int$ 記号の外に追い出さなければなりません。

こうなってくると，$\sin(x+y)$, $\cos(x+y)$ を加法定理で展開するのは必然で，面倒な計算になるものの，「避けては通れない道！」と割り切って計算を進めましょう。すると，

$$f(x) = \frac{a}{2\pi}\left(\sin x\int_0^{2\pi}\cos y f(y)dy + \cos x\int_0^{2\pi}\sin y f(y)dy\right)$$
$$+ \frac{b}{2\pi}\left(\cos x\int_0^{2\pi}\cos y f(y)dy + \sin x\int_0^{2\pi}\sin y f(y)dy\right)$$
$$+ \sin x + \cos x$$

となるので，あとは例のごとく

$$p = \int_0^{2\pi}\cos y f(y)dy, \quad q = \int_0^{2\pi}\sin y f(y)dy$$

などとおいて連立式を立てます。具体的には

$$\begin{cases} p = \dfrac{aq+bp}{2} + \pi \\ q = \dfrac{ap+bq}{2} + \pi \end{cases}$$

となりますが，ここで一呼吸おいてしっかりと変数と定数の区別をつけてください。**上記の連立方程式は p, q を変数と見て a, b を定数扱いするべきものです。**

初めの段階では

「$\int_0^{2\pi}\cos y f(y)dy$, $\int_0^{2\pi}\sin y f(y)dy$ を定数 $= p$, $= q$ とする」

と言ったにも関わらず，後半では

「連立式 $p = \dfrac{aq+bp}{2} + \pi$ かつ $q = \dfrac{ap+bq}{2} + \pi$ では p, q が変数扱い」

となることに混乱するかもしれませんが，

「どういった議論を進めているかによって変数扱いか定数扱いかは途中で変わりうる」

と言えます。これは

「関数 $f(x)$ の中では，$p = \int_0^{2\pi}\cos y f(y)dy$, $q = \int_0^{2\pi}\sin y f(y)dy$ は
変数 x とは無関係だから脇役(定数)扱いとなる」

「p, q を決定するために連立式を立てているときは p, q が
求値の対象となっているのだから主役(変数)扱いとなる」

といったことによります。

「自分がいま手元でどういったことを目標にしてどういった議論をしているのか？」

をはっきりと把握しておかなければ入試数学を掌握することは叶いません。慣れるまで時間がかかるんですけど挫けず頑張ってくださいね。

さて，ここまでくればあとは例題と同じように"連立1次方程式"の実数解の個数に帰着されます。行列を導入するなりしてスパッと処理しましょう。

解　答

加法定理より，

$$\sin(x+y) = \sin x\cos y + \cos x\sin y$$
$$\cos(x-y) = \cos x\cos y + \sin x\sin y$$

だから,
$$f(x) = \frac{a}{2\pi}\left(\sin x \int_0^{2\pi}\cos y f(y)dy + \cos x \int_0^{2\pi}\sin y f(y)dy\right)$$
$$+ \frac{b}{2\pi}\left(\cos x \int_0^{2\pi}\cos y f(y)dy + \sin x \int_0^{2\pi}\sin y f(y)dy\right)$$
$$+ \sin x + \cos x$$

ここで, $\int_0^{2\pi}\cos y f(y)dy$, $\int_0^{2\pi}\sin y f(y)dy$ は x によらない定数だから,実数 p, q を用いて

$$p = \int_0^{2\pi}\cos y f(y)dy \quad\cdots\text{①}$$
$$q = \int_0^{2\pi}\sin y f(y)dy \quad\cdots\text{②}$$

とおけて,
$$f(x) = \left(\frac{ap+bq}{2\pi}+1\right)\sin x + \left(\frac{aq+bp}{2\pi}+1\right)\cos x \quad\cdots(\ast)$$

さて,
$$\int_0^{2\pi}\sin y\cos y\,dy = \frac{1}{2}\int_0^{2\pi}\sin 2y\,dy = \frac{1}{4}[-\cos 2y]_0^{2\pi} = 0 \quad\cdots\text{③}$$
$$\int_0^{2\pi}\cos^2 y\,dy = \frac{1}{2}\int_0^{2\pi}(1+\cos 2y)dy = \frac{1}{4}[2y+\sin 2y]_0^{2\pi} = \pi \quad\cdots\text{④}$$
$$\int_0^{2\pi}\sin^2 y\,dy = \frac{1}{2}\int_0^{2\pi}(1-\cos 2y)dy = \frac{1}{4}[2y-\sin 2y]_0^{2\pi} = \pi \quad\cdots\text{⑤}$$

であることも踏まえ,($\ast$)を①,②に代入すると,
$$p = \int_0^{2\pi}\cos y\left\{\left(\frac{ap+bq}{2\pi}+1\right)\sin y + \left(\frac{aq+bp}{2\pi}+1\right)\cos y\right\}dy$$
$$= \frac{aq+bp}{2}+\pi \quad [\because \text{③, ④}]$$
$$\therefore (b-2)p + aq = -2\pi \quad\cdots\text{⑥}$$

$$q = \int_0^{2\pi}\sin y\left\{\left(\frac{ap+bq}{2\pi}+1\right)\sin y + \left(\frac{aq+bp}{2\pi}+1\right)\cos y\right\}dy$$
$$= \frac{ap+bq}{2}+\pi \quad [\because \text{③, ⑤}]$$
$$\therefore ap + (b-2)q = -2\pi \quad\cdots\text{⑦}$$

したがって,⑥,⑦より,
$$\begin{pmatrix} a & b-2 \\ b-2 & a \end{pmatrix}\begin{pmatrix} p \\ q \end{pmatrix} = -\begin{pmatrix} 2\pi \\ 2\pi \end{pmatrix} \quad\cdots(\text{☆})$$

であって,ここで $A = \begin{pmatrix} a & b-2 \\ b-2 & a \end{pmatrix}$ と定めることにすると,
$$\det A = a^2 - (b-2)^2 = (a+b-2)(a-b+2)$$

だから,

ⅰ) $a+b-2=0$ のとき
$$(\text{☆}) \Leftrightarrow \begin{pmatrix} a & -a \\ -a & a \end{pmatrix}\begin{pmatrix} p \\ q \end{pmatrix} = -\begin{pmatrix} 2\pi \\ 2\pi \end{pmatrix} \Leftrightarrow \begin{pmatrix} a(p-q) \\ -a(p-q) \end{pmatrix} = -\begin{pmatrix} 2\pi \\ 2\pi \end{pmatrix}$$

を満たす実数 p, q は存在しない。

ⅱ) $a-b+2=0$ のとき
$$(\text{☆}) \Leftrightarrow \begin{pmatrix} a & a \\ a & a \end{pmatrix}\begin{pmatrix} p \\ q \end{pmatrix} = -\begin{pmatrix} 2\pi \\ 2\pi \end{pmatrix} \Leftrightarrow \begin{pmatrix} a(p+q) \\ a(p+q) \end{pmatrix} = -\begin{pmatrix} 2\pi \\ 2\pi \end{pmatrix}$$

は，$a \neq 0$ であれば $p + q = -\dfrac{2\pi}{a}$ を満たす無数の (p, q) に対して(☆)は成り立ち，$a = 0$ であれば(☆)を成り立たせる p, q は存在しない。

したがって，関数 $f(x)$ がただ1つ定まるための必要十分条件は

$$\det A \neq 0$$
$$\Leftrightarrow (a + b - 2)(a - b + 2) \neq 0 \quad \blacksquare$$

であり，このとき A の逆行列 A^{-1} を(☆)の左側から掛けて，

$$\begin{pmatrix} p \\ q \end{pmatrix} = -\dfrac{1}{(a+b-2)(a-b+2)} \begin{pmatrix} a & 2-b \\ 2-b & a \end{pmatrix} \begin{pmatrix} 2\pi \\ 2\pi \end{pmatrix} = \dfrac{2}{2-a-b} \begin{pmatrix} \pi \\ \pi \end{pmatrix}$$

$$\therefore \; p = q = \dfrac{2\pi}{2-a-b}$$

これを(∗)に代入して計算すると，

$$\therefore \; f(x) = \dfrac{2}{2-a-b}(\sin x + \cos x) \; (0 \leq x \leq 2\pi) \quad \blacksquare$$

補 足

解答の最後まで辿り着けば例題との関連が納得できましたね？　例題や本問のように，

「2元1次連立方程式の実数解の存在や個数を行列式の値で考える」

のはちょこちょこやります。是非ともマスターするようにしてください。

因みに積分計算 $\int_0^\pi \cos^2\theta d\theta$ や $\int_0^\pi \sin^2\theta d\theta$ にはちょっとしたコツがあります。

いずれも半角公式で被積分関数を

$$\cos^2\theta = \dfrac{1+\cos 2\theta}{2}, \; \sin^2\theta = \dfrac{1-\cos 2\theta}{2}$$

と直しますが，このときにグラフを想像してみましょう。

すると，$\int_0^\pi \cos^2\theta d\theta = \int_0^\pi \sin^2\theta d\theta = \dfrac{\pi}{2}$ となるのは一目瞭然です。解答中の④，⑤ではこういったことを思い浮かべつつ計算しています。図形的なイメージは計算ミスを減らす強力な手助けになりますね。

さて，ちょっとここからは僕の愚痴タイム(笑)。

文科省の教育課程による範囲分けだと

出典が京大の$Theme2$-2は数Ⅱの"図形と方程式"

出典が東大の☞**CHECK!17**は数Ⅲの"積分"

になります。

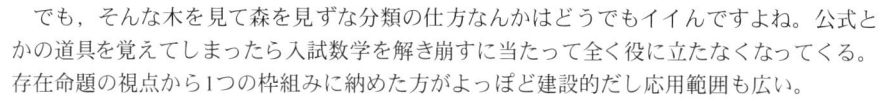

でも，そんな木を見て森を見ずな分類の仕方なんかはどうでもイイですよね。公式とかの道具を覚えてしまったら入試数学を解き崩すに当たって全く役に立たなくなってくる。存在命題の視点から1つの枠組みに納めた方がよっぽど建設的だし応用範囲も広い。

教科書の範囲分けを丸々変えるとそれはそれで弊害がたくさん出るだろうから現在の分け方も大切なんですけど，せめて理系の数Ⅲの教科書の最後の方に「全称命題の扱い」と「存在命題の扱い」くらいは設けて欲しいなぁと感じます。ハイ，愚痴タイム終了。

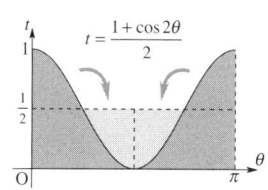

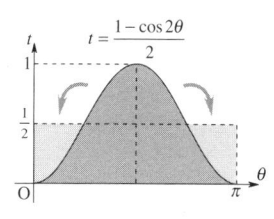

☞ CHECK!18

曲線 $y = \cos x$ の $x = t$ $(0 < t < \dfrac{\pi}{2})$ における接線と x 軸，y 軸の囲む三角形の面積を $S(t)$ とする。

(1) t の関数として，$S(t)$ $(0 < t < \dfrac{\pi}{2})$ を求めよ。

(2) $S(t)$ はある1点 $t = t_0$ で最小値をとることを示せ。また，$\dfrac{\pi}{4} < t_0 < 1$ を示せ。

(3) $S(t_0) = 2t_0 \cos t_0$ を示せ。また，$S(t_0) > \dfrac{\sqrt{2}}{4}\pi$ を示せ。

〔97年京都大学・理系・前期〕

考え方

途中までは素直な問題です。やや煩雑になるため，$S(t)$ の微分計算では慎重に。例題と同じ考え方である「考察を加える関数の変更」は(3)で使います。

$S(t)$ 本来の形である $S(t) = \dfrac{1}{2\sin t}(t\sin t + \cos t)^2$ の解析は大変なので，$S(t_0) = 2t_0 \cos t_0$ の形で考えさせようという京大の親心です。ただし t_0 は $S'(t_0) = 0$，$\dfrac{\pi}{4} < t_0 < 1$ を満たす具体的な数値であるため，文字 t_0 のまま安易に微分するなどはしないようにしましょう。うっかり $\dfrac{d}{dt_0}(2t_0 \cos t_0)$ などと答案に書いてしまうと，

「コイツは具体的な数値の代用として使っている文字 t_0 の意味が分かっておらん！」

と京大の先生のお怒りを買ってしまう怖れがあります。噂では**京大の採点は鬼の厳しさ**であるようなので，こういった細やかな部分にも十分注意してください。

解答

(1) $f(x) = \cos x$ とする。$f'(x) = -\sin x$ だから，$(t, f(t))$ $(0 < t < \dfrac{\pi}{2})$ における接線 l の方程式は

$$l : y = -\sin t(x - t) + \cos t$$

であり，l の y 切片，x 切片はそれぞれ

$(y$ 切片$) = t\sin t + \cos t$

$(x$ 切片$) = \dfrac{t\sin t + \cos t}{\sin t}$ $[\because 0 < t < \dfrac{\pi}{2}$ のとき $\sin t \neq 0]$

となる。

$$\therefore\ S(t) = \dfrac{(t\sin t + \cos t)^2}{2\sin t}\ (0 < t < \dfrac{\pi}{2})\ \blacksquare$$

(2) $S(t)$ を t で微分すると，

$$S'(t) = \dfrac{2(t\sin t + \cos t)(\sin t + t\cos t - \sin t) \cdot 2\sin t - (t\sin t + \cos t)^2 \cdot 2\cos t}{(2\sin t)^2}$$

$$= \dfrac{\cos t(t\sin t + \cos t)(t\sin t - \cos t)}{2\sin^2 t}$$

となって，

$$g(t) = t\sin t - \cos t$$

☞CHECK! の解答　181

とおけば，$0 < t < \dfrac{\pi}{2}$ のとき $\dfrac{\cos t(t\sin t + \cos t)}{2\sin^2 t} > 0$ だから $S'(t)$ と $g(t)$ の符号は一致する。

$$g'(t) = \sin t + t\cos t + \sin t = 2\sin t + t\cos t > 0 \quad [\because 0 < t < \dfrac{\pi}{2}]$$

より $g(t)$ は単調増加。

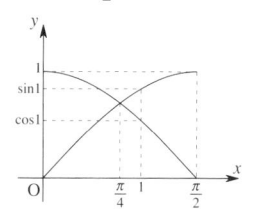

さらに，
$$g\left(\dfrac{\pi}{4}\right) = \left(\dfrac{\pi}{4} - 1\right) \cdot \dfrac{1}{\sqrt{2}} < 0 \quad [\because \pi = 3.14\cdots]$$
$$g(1) = \sin 1 - \cos 1 > 0 \quad [\because 右図]$$

であることも考慮すると，中間値の定理により

$$\dfrac{\pi}{4} < t_0 < 1,\ g(t_0) = 0 \text{ を満たす } t_0 \text{ がただ1つ存在する}$$

と言えるから(右下図)，$S(t)$ の増減表は次のようになる。

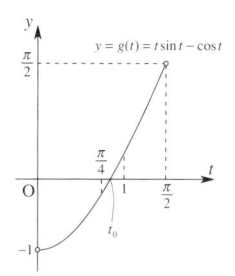

t	(0)	$\cdots$	$\dfrac{\pi}{4}$	$\cdots$	t_0	$\cdots$	1	$\cdots$	$\left(\dfrac{\pi}{2}\right)$
$g(t)$	×	$-$	$-$	$-$	0	$+$	$+$	$+$	×
$S'(t)$	×	$-$	$-$	$-$	0	$+$	$+$	$+$	×
$S(t)$	$(+\infty)$	↘		↘	$S(t_0)$	↗		↗	$\left(\dfrac{\pi^2}{8}\right)$

したがって，
$$\dfrac{\pi}{4} < t_0 < 1,\ t_0 \sin t_0 - \cos t_0 = 0 \quad \cdots ①$$

を満たすただ1つの数値 t_0 において，$S(t)\ (0 < t < \dfrac{\pi}{2})$ は最小値をとる。■

(3)　①により，$\sin t_0 = \dfrac{\cos t_0}{t_0}$ であって，これを用いて $S(t_0)$ の $\sin t_0$ を消去すると，

$$S(t_0) = \dfrac{(t_0 \sin t_0 + \cos t_0)^2}{2\sin t_0} = \dfrac{\left(t_0 \cdot \dfrac{\cos t_0}{t_0} + \cos t_0\right)^2}{2 \cdot \dfrac{\cos t_0}{t_0}} = 2t_0 \cos t_0 \quad ■$$

さて，t_0 は①を満たす1つの数値だが具体的に求まるものではない。そこで，

$$S(t_0) > \dfrac{\sqrt{2}}{4}\pi \iff t_0 \cos t_0 > \dfrac{\sqrt{2}}{8}\pi \quad \cdots ②$$

を示すに当たり，関数
$$h(\alpha) = \alpha \cos \alpha \ (\dfrac{\pi}{4} \leq \alpha \leq 1)$$

の挙動を考察する。

$$h'(\alpha) = \cos \alpha - \alpha \sin \alpha = -g(\alpha)$$

であるから，$h(\alpha)$ の増減表は右図のようになる。

この増減表により，②の成立が保証されたから，

$$\therefore\ S(t_0) > \dfrac{\sqrt{2}}{4}\pi$$

であると言える。■

α	$\dfrac{\pi}{4}$	$\cdots$	t_0	$\cdots$	1
$g(\alpha)$	×	$-$	0	$+$	×
$h'(\alpha)$	×	$+$	0	$-$	×
$h(\alpha)$	$\dfrac{\sqrt{2}}{8}\pi$	↗	$t_0 \cos t_0$	↘	$\cos 1$

補足

(3)で「$S(t_0) = 2t_0 \cos t_0$ であることを示せ」と指示があるため，例題よりも自然な流れで関数 $h(\alpha) = \alpha \cos \alpha$ ($\frac{\pi}{4} \leq \alpha \leq 1$) の挙動に目がいきますね。

因みに，分数関数の最大・最小を考える際，導関数の分子だけを微分してその正負を考察するのは常套手段です。

> 〈鉄則〉－「微分する」という作業の本質－
> 「関数 $f(x)$ を微分する」という操作の本質は，**「導関数 $f'(x)$ の正負から元の $f(x)$ の増減を調べる」**というコンセプトである。導関数が分数形の煩雑な形になったときは，**「分子のみ切りとって微分する」**のも1つのテクニック。

特に，京大では

「分子だけと言わずさらに一部分だけを切りとって考察させる」

ことが多いようです。本問では導関数
$$S'(t) = \frac{\cos t(t\sin t + \cos t)(t\sin t - \cos t)}{2\sin^2 t}$$
の一部分 $g(t) = t\sin t - \cos t$ だけを切りとって考える箇所がこれに該当します。

一般に，グラフを描くときは**「導関数はその符号だけが重要である」**と言えます。したがって，因数分解などを駆使してなるべく簡単な関数の微分だけで済むように適宜工夫しましょう。
$$S'(t) = \frac{t^2 \sin^2 t \cos t - \cos^3 t}{2\sin^2 t}$$
のように展開してしまうと処理不能な計算に突入してしまいかねません。

「いや～，この微分計算をしていっても先が見えてこないなぁ」

と感じたら，元々の式に立ち返って因数分解できないか考えるようにしてください。

☞ CHECK!19

白石180個と黒石181個の合わせて361個の碁石が横に一列に並んでいる。碁石がどのように並んでいても，次の条件を満たす黒の碁石が少なくとも1つあることを示せ。

　　　その黒の碁石とそれより右にある碁石をすべて除くと，残りは
　　　白石と黒石が同数となる。

ただし，碁石が1つも残らない場合も同数とみなす。

〔01年東京大学・文系・前期〕

考え方

離散変数であるにもかかわらず"中間値の定理"っぽい考え方を用いる問題です。180個と181個はあまり本質的な数値ではないため，

白石5個と黒石6個の合計11個

で少し実験してみることにします。

まずはこの11個を適当に並べてみましょう。

○ ○ ● ● ○ ○ ● ● ● ● ○

上記のような並びのときは左から9番目の黒石が題意を満たすモノなのは分かりますよね？　確かに題意のような黒石が存在するようです。

○ ○ ● ● ○ ○ ● ● ● ● ○
　　　　　　　　　　　　　取り除く

これが白石180個と黒石181個でも，その上どんな並びでも成り立つらしい。どのように証明しましょう？　1つの黒石を指定したとき，「その左側に何個の白石と黒石があるのか？」が話題になるため，

左から数えて k 番目までに含まれる碁石（k 番目自体の碁石も含む）のうち，

白石の個数を $w(k)$，黒石の個数を $b(k)$ とし，その差を $d(k) = w(k) - b(k)$

とします。こういった数式表現はなかなか難しいんですけど，いずれはできるようにならなければいけません。

そして，先程の図に示した並びであるとき，$d(k)$ の変化は次のようになります。

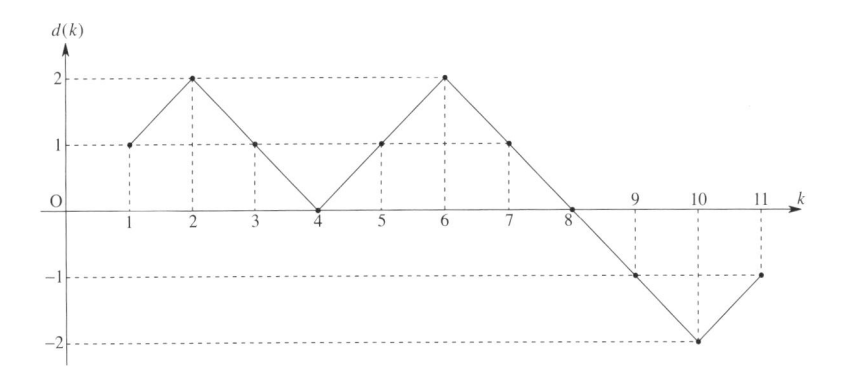

この具体例からなんとなくピンとくるでしょうか？　白石と黒石の個数が等しいのは，$d(k) = w(k) - b(k) = 0$ となるときです。上のグラフでは $k = 4$ と $k = 8$ で $d(k) = 0$ となっていますね。

ただし，$k = 5$ 番目の碁石は白石であるため題意のように取り除くことはできません。これに対して $k = 9$ 番目は黒石となっているため，この9番目の黒石も含めて右側にある碁石をすべて取り除けば，残った碁石は白石4個と黒石4個の同数となります。

どうやら，

$d(k) = 0$ から $d(k) = -1$ に移り変わる瞬間

が題意を満たす黒石に該当しそうです。あとは白石180個,黒石181個として答案を完成させるだけです。ただし,完全な答案を書き上げるには多少の場合分けが必要で,中間値の定理を利用することができるのは「左端の碁石が白石であるとき」に限ります。左端の碁石が黒石であるときは分けて議論しなければいけません。

解 答

左から数えて k 番目までに含まれる碁石(k 番目自体の碁石も含む)のうち,白石の個数を $w(k)$,黒石の個数を $b(k)$ とし,その差を $d(k) = w(k) - b(k)$ のように定義しておく。

すると, $k = 361$ のとき白石180個,黒石181個がすべて並べられているため,

$$d(361) = -1 \quad \cdots ①$$

である。

ⅰ) 左端の碁石が黒石であるとき,左端の黒石からすべての碁石を取り除けば,残った白石と黒石の数は0で一致する。

ⅱ) 左端の碁石が白石であるとき,

$$d(1) = 1 \quad \cdots ②$$

であり,一方で k の関数 $d(k)$ はその性質により1ずつ増減を繰り返すから,①,②より,離散的な中間値の定理を考えて,

$$d(k_0) = 0, \ d(k_0 + 1) = -1, \ 2 \leq k_0 \leq 360$$

なる整数 k_0 が必ず存在する。

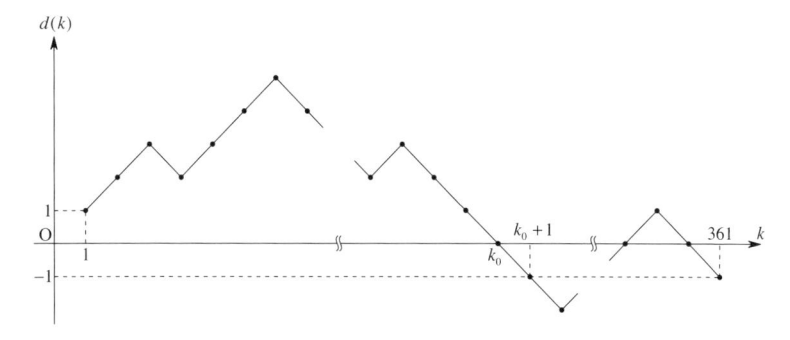

そしてこの k_0 に対し, $k_0 + 1$ 番目は黒石であるから, $k_0 + 1$ 番目の黒石も含めて右側の碁石をすべて取り除けば,残った碁石の白石と黒石の個数は等しくなる。

以上,ⅰ),ⅱ)より,条件を満たす黒石の存在が保証された。■

補 足

白石180個と黒石181個というのは本質的ではありません。黒石の数の方が多ければ問題として成り立ちます。普通に考えるなら「白石 n 個と黒石 $n+1$ 個」とする方が入試問題として妥当と言えるでしょう。それにも関わらずどうしてこんな汚い数値を東大が選んだの

か，何年ものあいだ僕の中でずっと疑問だったんですよね。

そんな中，あるとき友人の1人に「なんで東大がこんな値にしたのかサッパリ分からん」と漏らしたとき，彼は

「あぁ，それ，実際の碁石の数になってるんですよ」

と一言。

実は碁盤の目は $19 \times 19 = 361$ 個で囲碁の先手は黒だから，碁盤がすべて埋め尽くされたとすると白石180個と黒石181個が使われることになるんですよね（パスはなしとして）。

得てして真相っていうのは素朴なところにあったりします。今回のケースでは単に僕が世間知らずだっただけかもしれませんけど（笑）。

☞ CHECK!20

n, k は自然数で $k \leq n$ とする。穴のあいた $2k$ 個の白玉と $2n-2k$ 個の黒玉にひもを通して輪を作る。このとき適当な2箇所でひもを切って n 個ずつの2組に分け，どちらの組も白玉 k 個，黒玉 $n-k$ 個からなるようにできることを示せ。

〔06年京都大学・文系・前期〕

[考え方]

引き続き離散状況に"中間値の定理"を用いる問題です。まずはちょっとした注意点を。

本問をこの Theme 2「存在命題の扱い」で紹介したため，問題を解いているときにはあまり気に留めなかったかもしれませんが，テストで出題されたとすると，

「n と k の離散全称だなぁ。しかも『○○のようにできる』だから存在でもあるなぁ」

と感じるでしょう。すなわち，本問は"全称と存在の合わせ技"の問題と言えます。

こういったタイプの問題では，一概に「全称系として解くべきだ」とも「存在系として解くべきだ」とも言えません。問題に応じて両方の眺め方を試してみなければなりません。

本問を全称系として扱い，帰納法で回そうとするとどういったことになるかについては後の補足で考察を加えておきます。

さて，少し誤魔化した説明になってしまいましたが（笑），本問では「存在を強く使って」証明します。つまり，n と k を"ポンと与えられた定数"のように眺めることが大切です。そういえば似たような説明を Theme 1-3 でもしましたね？

答案では文字 n と k のまま解答しなければなりませんが，ここではイメージをつかんでもらうためにも具体的に $n=5, k=3$ として説明しましょう。適当に白玉6個と黒玉4個を並べた右図のような状況を考えてみます。また，便宜的に2点 A, B を図のように定めておきます。

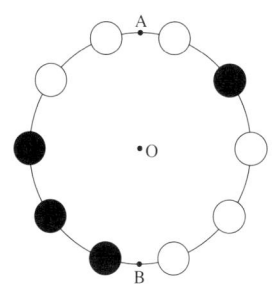

そして，はさみでチョキンと切り分ける切りとり線を直線PQとして，まずは直線ABに重ねてこの輪っかに当てはめてみましょう（次頁の左上の図）。

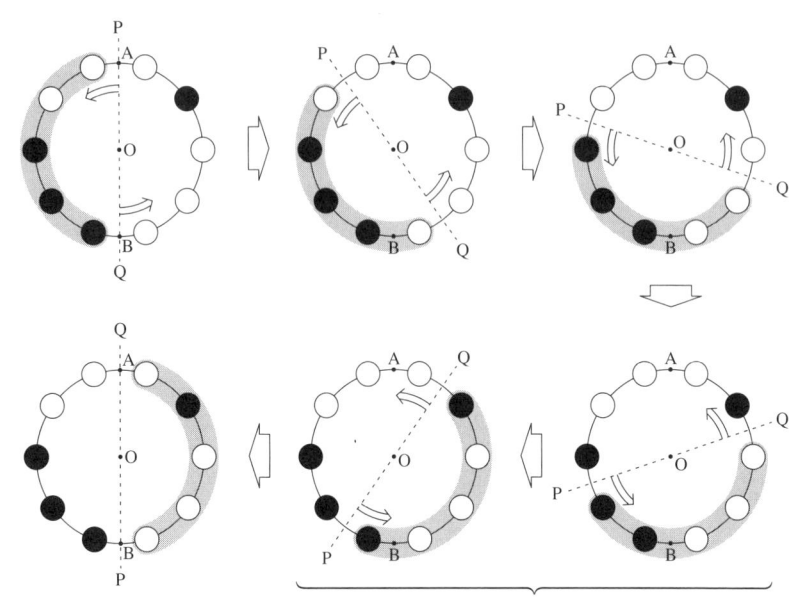

白玉 3 個，黒玉 2 個に切り分ける切り方

　切りとり線PQを直線ABに重ねた左上図のような状況では，直線PQの左側に白玉が2個，黒玉3個となっています。ここから，切りとり線PQを反時計回りに徐々に回転させていきましょう。すると，玉3個分だけ回転させたときと，4個分だけ回転させたときに

「白玉3個と黒玉2個の2組に切り分けられている」

ことが確認されますね。

　そして，

「玉1個分の回転では，PQの左側にある白玉の個数の変化量は -1 or 0 or 1 のいずれか」

であることも分かります。

　ここで，玉 m ($m = 0, 1, 2, 3, 4, 5$) 個分だけ反時計回りに回転させたときに，PQの左側にある白玉の個数を $L(m)$ として☞**CHECK!19**と同じようなグラフを描くと，右図のようになります。

　もう大丈夫ですね？ PQがちょうど180°回転したとき，初期状態における左側と右側の白玉の個数が逆転します。こういったことから，「**どこかで白玉の個数が3個になる瞬間があるハズだ**」と言えそうですね。

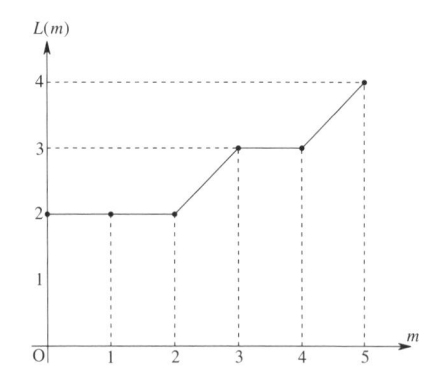

☞ **CHECK! の解答**　187

解 答

　$n=1$ のときは，題意から $n=k=1$ に限られるため，白玉2つを輪につなげただけのものなので，「白玉1個，黒玉0個の2組に切り分ける」ことは可能である。

　以下，$n \geq 2$ として議論を進める。

　$2k$ 個の白玉と $2n-2k$ 個の黒玉が任意に並んでいる右図のような状況を考える。便宜的に，円Oの周上に等間隔で $2n$ 個の玉が並んでいるとする。

　さて，切り分ける線を直線PQとし，図のABに沿って n 個ずつ切り分けるのを初期状態として点Oを中心に $\dfrac{\pi}{n}$ の整数倍ずつ反時計回りにPQを回転させていくことを考える。

　また，$\dfrac{\pi}{n} \times m \ (m=0, 1, 2, \cdots, n)$ だけ回転させたときに，P側からQ側に向かって反時計回りに数えた白玉の個数を $L(m)$，反対側の白玉の個数を $R(m)$ としておく（上記の初期状態は $m=0$ に対応する）。

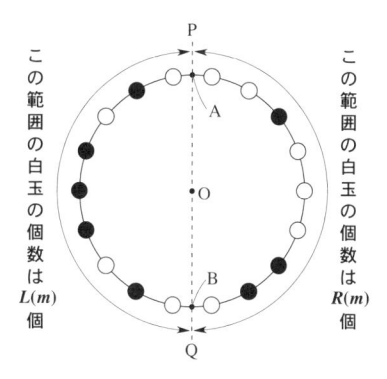

　このとき，$\dfrac{\pi}{n}$ の回転（玉1個分の回転）によって生じる $L(m)$ の変化量は -1 or 0 or 1 のいずれかに限られることにも留意しておく。

ⅰ）$L(0) = R(0) = k$ のとき，このとき直線PQに関して

　　　白玉 k 個，黒玉 $n-k$ 個の2つの組に分けられている

ので，これが題意の切り分け方となる。

ⅱ）$L(0) < k$ のとき，その初期値を $L(0) = k-a$（a は $1 \leq a \leq k$ なる整数）とすると，$R(0)$ の値は $R(0) = k+a$ となっており，π だけ回転させたときの $L(n)$ の値は $L(n) = k+a$ となっているはずである。なぜなら，ちょうど半周の π だけ切りとり線PQを回転させたとき，初期状態と左右が真逆の状態になっていて，$L(n) = R(0)$ が成り立つからである。

　したがって，$L(m)$ の変化量が -1 or 0 or 1 のいずれかであることも踏まえて $L(m)$ の推移をグラフにすると次の図のようになる（上図には対応していないことに注意）。

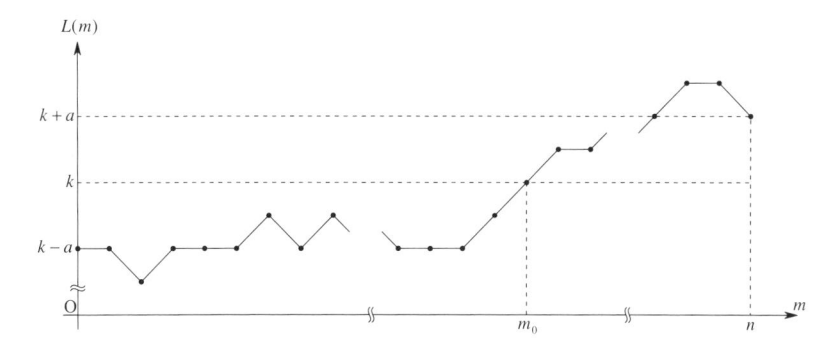

つまり，連続状況における中間値の定理のようなものが本問にも当てはまり，
$$L(m_0) = k \quad (1 \leq m_0 \leq n-1) \text{ を満たす整数 } m_0 \text{ が存在する}$$
と言える。したがって，この $\dfrac{\pi}{n} \times m_0$ だけ回転させたときの切りとり線PQで輪を切れば，白玉 k 個，黒玉 $n-k$ 個の2つの組に分けることができる。

iii) $L(0) > k$ のときも，ii)と同様の議論で題意のように切り分けることが可能である保証がなされる。

したがって，以上 i)〜iii)により，$k \leq n$ なる任意の自然数 n, k と，任意の「白玉と黒玉の配置」に対して，白玉 k 個，黒玉 $n-k$ 個の2つの組に分ける切り分け方の存在が示された。■

補足

本問でも☞**CHECK!19**でも，議論を厳密にするために堅苦しい表現となっていますが，受験生にとっては最初からこんな緻密な表現を用いるのは難しいでしょう。はじめは拙い(つたない)表現でも構いませんから，**自分の言葉で状況を表現する努力を怠らないように**してください。例えば，本問ならば，

「適当に輪っかを切り分け線で半分に分けてみる。まだ実際には切らない。この切り分け線の左右の白玉の個数を L, R としておく。そこから徐々に切り分け線を θ だけ回転させていくと，180°回転させたときには L, R の値が入れ替わっている。つまり，$L_{\theta=180°} = R_{\theta=0°}$ である。そして，玉1個分だけ切り分け方をズラしたとき，L の値は変化しないか1個だけの増減しかない。だから，どこかで $L = R = k$ 個となるような切り分け方が存在するので，そこではさみを入れればよい」

のような数学的に不完全な表現でも構いません。図をたくさん描いて採点官に伝わるようにすればさらに好印象です。

「僕(私)は本質的に大切な部分は分かっていますよ」

と採点官にアピールすることがまずは大切。

そして，こういった拙い表現を何度も何度も繰り返しているうちに，「なんかこの言い回しダサイなぁ。もっとマシな表現はどうするんだろう？」と，自然と表現方法に目がむくようになります。そして，徐々に大人な表現ができるようになっていきます。

肝心なのは

「ダサイ言い回しでもイイからまずは自分の言葉で表現しようと試みること」

です。諦めずにこの姿勢を貫くようにしてください。

さて，考え方の部分で約束したとおり，本問を帰納法で回そうとするとどうなるのかについて考察してみましょう。k を定数扱いにして，帰納法のindexを n とします。ここでは具体的に $k = 2$ として，$n = 3$ から $n = 4$ への移り変わりに着目してみましょう。ただし，結構ダラダラした説明になってしまうため，読み飛ばしてもらっても構いません。

頭を悩ませるのは「白石と黒石のあらゆる配置を考えなければならない」部分でしょう。これが極めて大変です。手始めに，次頁のように白玉4個と黒玉2個が配置されている配列(甲)に2個の黒玉を図の矢印(ア)の箇所につけ加えた配列(乙)を考えます。

☞ **CHECK! の解答**　189

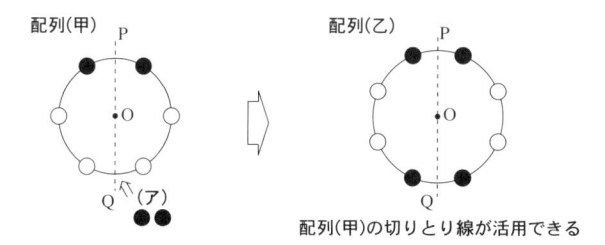

配列(甲)　　　　　　配列(乙)

　このときは(甲)での切りとり線PQが活用できそうです。つまり帰納法の仮定が利用できそうだと言えます。

　他方，(甲)において図の矢印(イ)の部分に黒玉2つをつけ加えてみましょう。

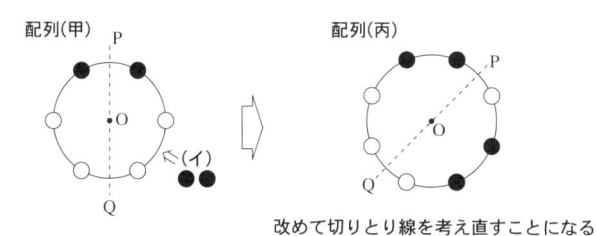

配列(甲)　　　　　　配列(丙)

改めて切りとり線を考え直すことになる

　すると，この配列(丙)での切りとり線PQは，配列(甲)から派生するものではありません。したがって，「このような黒玉のつけ加え方では帰納法の仮定が利用できない」ことが分かります。

　これをさらに一歩踏み込んでまとめると，

　　「nに関する帰納法で本問を解答しようとすると，既存の白黒配置のどこに黒玉
　　をつけ加えるかまで考慮しなければ，帰納法の仮定は利用できそうにない」

となります。

　しかも，配列(甲)からだけでは「白玉4個，黒玉4個のすべての配列」が作り出せるわけではありません(数珠順列で考えると白4個，黒4個の配列は次の全8通り)。

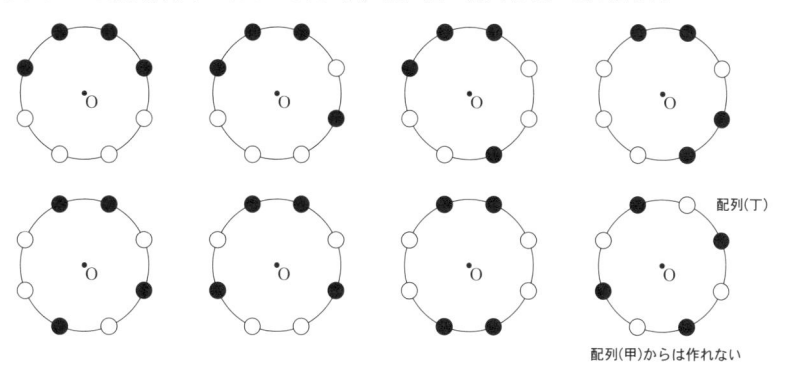

配列(丁)

配列(甲)からは作れない

配列(丁)を作り出すためには，次の2つの配列のいずれかに黒玉をうまくつけ加えることを考えなければなりません．

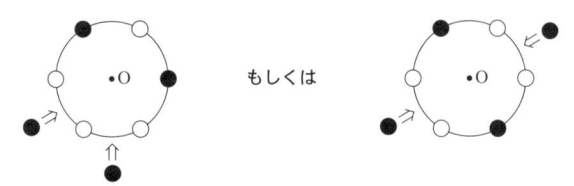

もしくは

…………そろそろみんなおなかいっぱいになってきた頃かな？ 冗長になり過ぎたんでこのあたりで説明を切り上げましょうか(笑)．

ここまで見てきたように，$k=2$ と固定し，n が2から3へ移り変わるときのアルゴリズムを作るのですらとても大変です．いわんや一般の n と一般の k についての論証となると，到底不可能であることは火を見るより明らかですね．因みに k を index にとっても似たような話になるため解答不能です．

ちょっと説明がダラダラしすぎちゃいましたかね？ でも，帰納法で回せないのはなんとなく分かってもらえたんじゃないでしょうか．

もしも初見で「帰納法で回らんのかなぁ？」と感じたとしても，こういった煩雑さを見て「この問題で帰納法はナシだなぁ」と結論づけ，方針転換を考えなければならないと言えます．

因みに，本問にはベースとなるような有名問題があって，

「赤道上には地球の裏側と気温の等しい地点が存在することを示せ」

というモノです．本問とほとんど同じように考えることができますから，各自答案を完成させてみてください．ただし，常識的に考えて気温は連続的に変化するというのを前提としましょう．

☞CHECK!21

各成分が整数である行列 $A = \begin{pmatrix} a & b \\ c & d \end{pmatrix}$ に対し，$\Delta = ad - bc$ とし，E を単位行列とする．$\Delta = 1$，$A^3 = E$ を満たす行列 A が無限個あることを示せ．

〔00年信州大学・理系・後期(問題一部省略)〕

[考え方]

本編で述べたように，まずは条件 $A^3 = E$ を成分 a, b, c, d で表現しましょう．すると，$\Delta = 1$ との連立式

$$\begin{cases} ad - bc = 1 \\ a + d + 1 = 0 \end{cases}$$

が得られます．あとはこれが無限個の整数解をもつことを言えば証明完了となりますが，そのときに「具体的に解を見つけたらイイじゃん」のスタンスが威力を発揮します．

☞ **CHECK! の解答**

解 答

$$\Delta = ad - bc = 1 \qquad \cdots ①$$

としておく。

ケーリー・ハミルトンの定理により，

$$A^2 = (a+d)A - E \quad [\because ①]$$

であるから，これを繰り返し用いると，

$$A^3 = (a+d)A^2 - A$$
$$= (a+d)\{(a+d)A - E\} - A$$
$$= (a+d+1)(a+d-1)A - (a+d)E$$

となるため，

$$A^3 = E \iff (a+d+1)\{(a+d-1)A - E\} = O \qquad \cdots(*)$$

である。

さて，$a+d+1=0$ であるような整数値 a, d に対しては $(*)$ を成り立たせ十分。すなわち，連立式

$$\begin{cases} ad - bc = 1 & \cdots ① \\ a + d + 1 = 0 & \cdots ② \end{cases}$$

が無限個の整数の組 (a, b, c, d) を解にもつことが分かれば証明は完了する。

②より，$d = -a-1$ だが，これを用いて①から d を消去すると，

$$bc = -a^2 - a - 1 \qquad \cdots ③$$

となるが，b, c の組

$$(b, c) = (1, -a^2 - a - 1)$$

は③を確かに満たし，a が整数であるときこれらは整数成分でもある。

以上のことから，

$$(a, b, c, d) = (a, 1, -a^2 - a - 1, -a - 1) \quad (a は整数)$$

としたときの行列

$$A = \begin{pmatrix} a & 1 \\ -a^2 - a - 1 & -a - 1 \end{pmatrix} \quad (a は整数) \qquad \cdots(☆)$$

は2つの条件 $\Delta = 1$ かつ $A^3 = E$ を満たす整数成分の行列であり，さらに，a に異なる整数値を与えたときそれらはすべて異なるから，$(☆)$ によって題意を満たす行列 A は無数に得られることが分かった。■

補 足

条件 $(*)$ と②式の関係は「$(*) \Leftarrow ②$」です。普通の問題ならば議論の進め方は "$\Rightarrow$" か "$\Leftrightarrow$" であるため，若干違和感を覚えるかもしれませんが，「解が存在する」ことを示すのが目的であるため，十分性の方を考えるだけで満点の答案となるワケです。$(*)$ から，「$\therefore a+d+1=0$」などと書いてしまうとむしろ減点対象となります。

また，具体的に提示する解 A は
$$A = \begin{pmatrix} a & -1 \\ a^2+a+1 & -a-1 \end{pmatrix} \text{や} A = \begin{pmatrix} a & -a^2-a-1 \\ 1 & -a-1 \end{pmatrix} \quad (a \text{は整数})$$
でも構いません。
$$bc = -a^2-a-1 \quad \cdots\cdots ③$$
を満たす整数値 b, c ならば何でもイイんですね。

☞ CHECK!22

a を正の整数とする。正の実数 x についての方程式
$$(*) \quad x = \left[\frac{1}{2}\left(x + \frac{a}{x}\right)\right]$$
が解をもたないような a を小さい順に並べたものを $a_1, a_2, a_3, \cdots$ とする。ここに $[\ ]$ はガウス記号で，実数 u に対し，$[u]$ は u 以下の最大の整数を表す。

(1) $a = 7$, $a = 8$, $a = 9$ の各々について(*)の解があるかどうかを判定し，ある場合は解 x を求めよ。

(2) a_1, a_2 を求めよ。

(3) $\sum_{n=1}^{\infty} \frac{1}{a_n}$ を求めよ。

〔10年東京工業大学・前期〕

[考え方]

本編でも触れたように，
$$③ \quad \text{ガウス記号 } [x] \text{ 自体は整数である。}$$
の事実を見落としてはなりません。
$$(*) \quad x = \left[\frac{1}{2}\left(x + \frac{a}{x}\right)\right]$$
を実数 x が満たすのであれば，それは整数値に限りますね。初手でこれをスルーしてしまって，方程式(*)からいきなり
$$\frac{1}{2}\left(x + \frac{a}{x}\right) - 1 < x = \left[\frac{1}{2}\left(x + \frac{a}{x}\right)\right] \leq \frac{1}{2}\left(x + \frac{a}{x}\right)$$
と不等評価してしまうと少々見えづらくなってしまいます。

また，(1)と(2)は「具体的に実験して状況をつかみなさいよ〜」という出題者の老婆心によるものです。しかし，(3)を単独で解答するだけの力があれば，(1)で $a=7$, $a=8$, $a=9$ の3通りを個別に調べるのは結構な時間のロスとなるため東工大の思い遣りも仇となってしまいます。

そこで，こういった小問が出題されたときには，

「まずは一般的な状況で問題を解いてしまい，最後に答だけ記す」

といった手順で解きましょう。次の解答もこのように作成しておきます。もちろんこういった部分で時間を稼げるようになるには，ある程度数学力が完成しているのが大前提なんですけどね。

解 答

与えられた方程式
$$(*)\quad x = \left[\frac{1}{2}\left(x + \frac{a}{x}\right)\right]$$
において，$\left[\frac{1}{2}\left(x + \frac{a}{x}\right)\right]$ は整数値であるから，$(*)$を満たす正の実数 x があるとすればそれは正の整数である。したがって，便宜的にこの解を $x = m$（m は正の整数）としておく。
$$\therefore\ m = \left[\frac{1}{2}\left(m + \frac{a}{m}\right)\right] \quad \cdots ①$$
さて，一般にガウス記号の定義により
$$\left[\frac{1}{2}\left(m + \frac{a}{m}\right)\right] \leqq \frac{1}{2}\left(m + \frac{a}{m}\right) < \left[\frac{1}{2}\left(m + \frac{a}{m}\right)\right] + 1 \quad \cdots ②$$
なる不等式が成り立つから，②を①に用いると，
$$① \Leftrightarrow m \leqq \frac{1}{2}\left(m + \frac{a}{m}\right) < m + 1$$
$$\Leftrightarrow m^2 \leqq a < m^2 + 2m \quad [\because\ m > 0] \quad \cdots (☆)$$
である。

ところで，$m^2 + 2m = (m+1)^2 - 1$ であるから，$m^2 + 2m$ は"平方数から1引いたもの"であることに留意しておく。

整数 a が不等式(☆)を満たす値であるとき，つまり
$$a = 1,\ 2,\ 4,\ 5,\ 6,\ 7,\ 9,\ 10,\ 11,\ 12,\ 13,\ 14,\ 16,\ \cdots$$
のように，"平方数から1引いたもの"といった形ではない整数であるなら，
$$方程式(*)を満たす正の実数 x は x = m で与えられる$$
ことが保証される。

一方，$a = m^2 + 2m$ の形の整数であるとき，つまり，
$$a = 3,\ 8,\ 15,\ 24,\ \cdots$$
といった整数値であるならば，$(*)$を成り立たせるような正の実数 x は存在しない。

したがって，方程式$(*)$が正の実数解 x をもたないような正の整数 a を小さい順に並べた数列 $\{a_n\}$ は，
$$\therefore\ a_n = (n+1)^2 - 1\ (n = 1,\ 2,\ 3,\ \cdots)$$
で与えられる。

(1) $a = 7$ のとき，$2^2 \leqq 7 < 3^2 - 1$ だから，$(*)$は解 $x = 2$ をもつ。■
$a = 8$ のとき，$a = 3^2 - 1$ の形をしているため，$(*)$は解をもたない。■
$a = 9$ のとき，$3^2 \leqq 9 < 4^2 - 1$ だから，$(*)$は解 $x = 3$ をもつ。■

(2) 上記のことより，$a_1 = 3,\ a_2 = 8$ である。■

(3) $S_N = \displaystyle\sum_{n=1}^{N} \frac{1}{a_n}$ としたとき，

$$S_N = \sum_{n=1}^{N} \frac{1}{(n+1)^2 - 1} = \sum_{n=1}^{N} \frac{1}{n(n+2)} = \frac{1}{2}\sum_{n=1}^{N}\left(\frac{1}{n} - \frac{1}{n+2}\right) \quad (\leftarrow \frac{1}{2}\text{を忘れずに})$$

$$= \frac{1}{2}\left\{\left(\frac{1}{1} - \frac{1}{3}\right) + \left(\frac{1}{2} - \frac{1}{4}\right) + \left(\frac{1}{3} - \frac{1}{5}\right) + \cdots + \left(\frac{1}{n-1} - \frac{1}{n+1}\right) + \left(\frac{1}{n} - \frac{1}{n+2}\right)\right\}$$

$$= \frac{1}{2}\left(\frac{1}{1} + \frac{1}{2} - \frac{1}{n+1} - \frac{1}{n+2}\right) \quad [\because \text{和の中抜け}]$$

$$= \frac{3}{4} - \frac{1}{2}\left(\frac{1}{n+1} + \frac{1}{n+2}\right)$$

であるから，

$$\therefore \sum_{n=1}^{\infty} \frac{1}{a_n} = \lim_{N \to \infty} S_N = \frac{3}{4} \quad \blacksquare$$

☞ CHECK!23

(1) 等式 $(x^2 - ny^2)(z^2 - nt^2) = (xz + nyt)^2 - n(xt + yz)^2$ を示せ。

(2) $x^2 - 2y^2 = -1$ の自然数解 (x, y) は無限組であることを示し，$x > 100$ となる解を1組求めよ。

〔98年お茶の水女子大学・理系・後期〕

考え方

(1)は両辺を展開計算して同じになることを示せばOKです。ただし，これは x, y, z, t, n に関する恒等式であることをしっかりと意識しておきましょう。

さて，問題は(2)です。あからさまな誘導があるため，(1)の等式をうまく使って

「既存の解 (x_n, y_n) から新しい解 (x_{n+1}, y_{n+1}) を生み出すアルゴリズムを作る」

ことを考えます。方程式 $x^2 - 2y^2 = -1$ を考えの対象としているのですから，$n=2$ とするのは絶対です。すると，

$$(x^2 - 2y^2)(z^2 - 2t^2) = (xz + 2yt)^2 - 2(xt + yz)^2$$

となります。

例題の直後ですからこの先もピンときて欲しいんですけど，

「恐らく $xz + 2yt, xt + yz$ が新しい解の組となるべきカタマリなんだろうなぁ」

というのは感じとれることでしょう。

すなわち，$(xz + 2yt)^2 - 2(xt + yz)^2 = -1$ となるように話を進めていくハズです。こうなってくると，「$z^2 - 2t^2$ の部分が1となるような z, t を当てはめなければならない」と気づくのはそう難しいことではありませんね？

$$\underbrace{(x_n^2 - 2y_n^2)}_{=-1}\underbrace{(z^2 - 2t^2)}_{=1\text{でなければ意味がない}} = \underbrace{(x_n z + 2y_n t)^2}_{x_{n+1}} - 2\underbrace{(x_n t + y_n z)^2}_{y_{n+1}}$$

こういった考察により，$z = 3, t = 2$ とするのが妥当だと分かるワケです。

[解 答]

(1) 示すべき等式を
$$(x^2 - ny^2)(z^2 - nt^2) = (xz + nyt)^2 - n(xt + yz)^2 \quad \cdots (*)$$
としておく。

$((*)の左辺) = x^2z^2 - nx^2t^2 - ny^2z^2 + n^2y^2t^2$

$((*)の右辺) = (x^2z^2 + 2nxyzt + n^2y^2t^2) - n(x^2t^2 + 2xyzt + y^2z^2)$
$= x^2z^2 - nx^2t^2 - ny^2z^2 + n^2y^2t^2$

であるから、等式$(*)$は確かに成り立つ。■

(2) 与えられた方程式を
$$x^2 - 2y^2 = -1 \quad \cdots (☆)$$
としておく。

一方、(1)の等式$(*)$は n, x, y, z, t に関する恒等式であるから、$n=2, z=3, t=2$ としても成り立つことを確認しておく。

$$\therefore \quad x^2 - 2y^2 = (3x + 4y)^2 - 2(2x + 3y)^2 \quad \cdots (*)'$$

ここで、数列 $\{x_n\}, \{y_n\}$ を

$x_1 = 1, \ y_1 = 1$

$$\begin{cases} x_{n+1} = 3x_n + 4y_n \\ y_{n+1} = 2x_n + 3y_n \end{cases} \quad (n = 1, 2, 3, \cdots) \quad \cdots ①$$

なる漸化式で定めることにする。

以下、任意の自然数 n に対して (x_n, y_n) は方程式$(☆)$を満たす自然数の組であることを数学的帰納法により示す。

［Ⅰ］$n = 1$ のとき、$x_1 = 1, y_1 = 1$ は
$$x_1^2 - 2y_1^2 = 1^2 - 2 \cdot 1^2 = -1$$
により、(x_1, y_1) は確かに方程式$(☆)$を満たす自然数の組である。

［Ⅱ］$n = k$ $(k = 1, 2, 3, \cdots)$ のとき、(x_k, y_k) が$(☆)$を満たす自然数の組であるとすれば、
$$x_k^2 - 2y_k^2 = -1 \quad \cdots ②$$
であって、漸化式①の形から x_{k+1}, y_{k+1} はいずれも自然数であることが保証される。

さらに、
$$x_{k+1}^2 - 2y_{k+1}^2 = (3x_k + 4y_k)^2 - 2(2x_k + 3y_k)^2 \quad [\because ①]$$
$$= x_k^2 - 2y_k^2 \quad [\because (*)']$$
$$= -1 \quad [\because ②]$$

となるから、(x_{k+1}, y_{k+1}) も$(☆)$を満たす自然数の組と言える。

したがって、任意の自然数 n に対して (x_n, y_n) は方程式$(☆)$を満たす自然数の組であることが分かった。

また，①により，
$$x_1 < x_2 < x_3 < \cdots < x_n < \cdots$$
$$y_1 < y_2 < y_3 < \cdots < y_n < \cdots$$
となることが確かめられるため，
$$(x_1, y_1), (x_2, y_2), (x_3, y_3), \cdots, (x_n, y_n), \cdots$$
に重複はない。

故に，$(x_1, y_1) = (1, 1)$ を起点として，漸化式①によって(☆)を満たす自然数の組(x_n, y_n)が無限に得られることが示された。■

また，漸化式①を繰り返し用いると，
$$\begin{pmatrix} x_2 \\ y_2 \end{pmatrix} = \begin{pmatrix} 3x_1 + 4y_1 \\ 2x_1 + 3y_1 \end{pmatrix} = \begin{pmatrix} 7 \\ 5 \end{pmatrix}$$
$$\begin{pmatrix} x_3 \\ y_3 \end{pmatrix} = \begin{pmatrix} 3x_2 + 4y_2 \\ 2x_2 + 3y_2 \end{pmatrix} = \begin{pmatrix} 3 \cdot 7 + 4 \cdot 5 \\ 2 \cdot 7 + 3 \cdot 5 \end{pmatrix} = \begin{pmatrix} 41 \\ 29 \end{pmatrix}$$
$$\begin{pmatrix} x_4 \\ y_4 \end{pmatrix} = \begin{pmatrix} 3x_3 + 4y_3 \\ 2x_3 + 3y_3 \end{pmatrix} = \begin{pmatrix} 3 \cdot 41 + 4 \cdot 29 \\ 2 \cdot 41 + 3 \cdot 29 \end{pmatrix} = \begin{pmatrix} 239 \\ 169 \end{pmatrix}$$

だから，$x > 100$ となる解の1つは
$$\therefore (x, y) = (239, 169) \quad ■$$

補足

どうでもいいことなんですけど，x, y, z, t, n に関する恒等式
$$(x^2 - ny^2)(z^2 - nt^2) = (xz + nyt)^2 - n(xt + yz)^2$$
のことを"ブラーマグプタの恒等式"と呼ぶそうです。この等式はお初にお目にかかるという人も，$n = -1$ を代入した
$$(x^2 + y^2)(z^2 + t^2) = (xz - yt)^2 + (xt + yz)^2$$
ならばお馴染みなんじゃないでしょうか？ コーシー・シュワルツの不等式を証明するときに使える例のアレです。

因みに，N を平方数でない自然数，m を0でない整数として，
$$x^2 - Ny^2 = m$$
の形の不定方程式を"ペル方程式"と呼びます。

使い古された題材であるため，このままの問題が三大学で出題されることは少ないようですが，例題のように「方程式には若干アレンジを加え，考え方はそのまんま」といった問題は今後も出題されることが想定されるため，例題と本問を通じて
「無限に解を作り出すアルゴリズムを提示する」
という解法を定着させましょう。

余談になりますが，とある書物で
「$x^2 - 61y^2 = 1$ を満たす最小の自然数の組は $(x, y) = (1766319049, 226153980)$ である」
という記載を見つけたときには少しウケてしまいました(笑)。

☞CHECK!24

2 以上の自然数 k に対して $f_k(x) = x^k - kx + k - 1$ とおく。このとき，次のことを証明せよ。

(1) n 次多項式 $g(x)$ が $(x-1)^2$ で割り切れるためには，$g(x)$ が定数 $a_2, a_3, \cdots, a_n$ を用いて，$g(x) = \sum_{k=2}^{n} a_k f_k(x)$ の形に表されることが必要十分である。

(2) n 次多項式 $g(x)$ が $(x-1)^3$ で割り切れるためには，$g(x)$ が関係式 $\sum_{k=2}^{n} \dfrac{k(k-1)}{2} a_k = 0$ を満たす定数 $a_2, a_3, \cdots, a_n$ を用いて，$g(x) = \sum_{k=2}^{n} a_k f_k(x)$ の形に表されることが必要十分である。

〔84年東京大学・理系〕

[考え方]

本編でも述べたように，整式 $g(x)$ のおき方をうまくしなければ手も足も出ません。

「合法・非合法の区別をしっかりとつけつつ結論の形を初手から利用する」

とはどういうことなのでしょうか？

答を言ってしまうと，

「整式 $g(x)$ を $g(x) = \sum_{k=2}^{n} a_k f_k(x) + ax + b$ （a, b は定数）のようにおく」

です。すると君達は

「オイオイ，いまから証明することを一番初めにババンと使ったら0点じゃん！」

と疑問に感じるでしょう。でも，よくよく示すべき式と上の式とを見比べてみてください。

示すべき式　　　　　最初に提示する式

$g(x) = \sum_{k=2}^{n} a_k f_k(x)$ 　　 $g(x) = \sum_{k=2}^{n} a_k f_k(x) + \underset{\text{なんかオマケの部分がくっついている}}{\underline{(ax + b)}}$

一番初めに提示する式には "$ax+b$" というオマケの部分がくっついていますね。些細な部分に見えてコレをつけるかつけないかには大きな違いがあります。

以下では「n をポンととってきた1つの定数と眺めている」ことに留意してください。そろそろ慣れてきた頃でしょうから具体的な数値に置き換えることなく，文字 n のまま説明することにします。

n 次の整式

$g(x) = a_n x^n + b_{n-1} x^{n-1} + b_{n-2} x^{n-2} + \cdots + b_1 x + b_0$　（←便宜的に係数の文字を途中から変えている）

を整式 $f_n(x) = x^n - nx + n - 1$ で割り算すると，

商が a_n で余りが $b_{n-1} x^{n-1} + b_{n-2} x^{n-2} + \cdots + (b_1 + na_n) x + b_0 - (n-1) a_n$

のようになります。等式に直すと

$g_n(x) = a_n f_n(x) + \{b_{n-1} x^{n-1} + b_{n-2} x^{n-2} + \cdots + (b_1 + na_n) x + b_0 - (n-1) a_n\}$

です。

そして，この余り $b_{n-1}x^{n-1} + b_{n-2}x^{n-2} + \cdots + (b_1 + na_n)x + b_0 - (n-1)a_n$ は

「$n-1$ 次（$b_{n-1} = 0$ ならそれ以下）の整式である」

ことが分かりますね。したがって，$f_{n-1}(x) = x^{n-1} - (n-1)x + (n-1) - 1$ で割り算したときの商は b_{n-1} で，これを便宜的に $b_{n-1} = a_{n-1}$ と文字を変えましょう。すると，

$$g_n(x) = a_n f_n(x) + a_{n-1} f_{n-1}(x)$$
$$+ b_{n-2}x^{n-2} + \cdots + \{b_1 + na_n + (n-1)a_{n-1}\}x + b_0 - (n-1)a_n - \{(n-1)-1\}a_{n-1}$$

となります。ちょっと見づらいので，大事な部分だけ抽出して書き直すと，

$$g(x) = a_n f_n(x) + a_{n-1} f_{n-1}(x) + (n-2\text{次以下の整式})$$

です。

　これを繰り返していくと，

$$g(x) = a_n f_n(x) + a_{n-1} f_{n-1}(x) + \cdots + a_2 f_2(x) + ax + b\quad (a, b\text{は定数})$$

と表すことができるのはもう大丈夫ですね？

　このように，

「一般の整式 $g(x)$ を $f_n(x),\ f_{n-1}(x),\ \cdots,\ f_2(x)$ でどんどん割り算していく」

のは単なる1つの操作に過ぎません。$g(x)$ が $(x-1)^2$ で割り切れようが割り切れまいが関係ありません。ある整式に割り算をかけるのはこっちの自由です。すなわち，初手から

$$g(x) = \sum_{k=2}^{n} a_k f_k(x) + ax + b\quad (a, b\text{は定数})$$

とするのは数学的に合法と言えるんですね。

　ただし，説明されれば納得いくものの，やはりこういった

「初手から結論の形を合法的に利用して議論を進める」

のは難しいんですよね。というか類題の経験がなければナカナカに厳しいと言えるでしょう。普段の学習ではこういった方法を用いる問題をあまりお見かけしないからです。

　しかし，三大学の入試問題になってくると，（最近は流行らないものの）コレを利用できる類題はちょこちょこ出題されているんですよね。実は例題の阪大の問題も，平行移動をせずに

$$f(x) = a_n(x-p)^n + a_{n-1}(x-p)^{n-1} + \cdots + a_1(x-p) + a_0$$

と「$x-p$ に関してべき展開する」ことでも解答可能です（条件 $f(p-t) = f(p+t)\ (\text{for}^{\forall} t \in R)$ から奇数次の係数が0になることが分かる）。整式 $f(x)$ を $(x-p)^n, (x-p)^{n-1}, \cdots, (x-p)$ で順次割っていくんですね。

　ですから，整式や整数の問題で「〇〇のように書けることを示せ」と指示があったときには，

「ウ～ン，結論の形をどこまで用いても合法なのかなぁ？」

と考えてみるようにしてください。

　因みに，(1)は"次数 n に関する累積帰納法"でも妥当な解答となるため，その書き方を別解に紹介しておきます。ただし，(2)の方は上手に帰納法で回せるとはお世辞にも言い難い。なぜこういった違いが(1)と(2)で生まれるのかは補足を参照してください。

解答

問題文から $n \geq 2$ であることは保証されているものとして話を進める。また，整式の係数は実数の範囲と解釈して議論する。

まず，n 次の整式 $g(x)$ を n 次の整式 $f_n(x)$ で割ることを考える。すると，商は定数となり，余りは $n-1$ 次以下の整式となるから，

$$g(x) = a_n f_n(x) + g_1(x) \quad (a_n は 0 ではない実数で，g_1(x) は n-1 次以下の整式)$$

と表すことができる。

続いて，$n-1$ 次以下の整式 $g_1(x)$ を $f_{n-1}(x)$ で割ることにすると，やはり商は定数となり，余りは $n-2$ 次式以下の整式となるから，

$$g_1(x) = a_{n-1} f_{n-1}(x) + g_2(x) \quad (a_{n-1} は実数で，g_2(x) は n-2 次以下の整式)$$

とおける。

以下，これを繰り返していくと，実数 $a_n, a_{n-1}, \cdots, a_2, a_1, a_0$ を用いて，

$$g(x) = a_n f_n(x) + a_{n-1} f_{n-1}(x) + \cdots + a_2 f_2(x) + a_1 x + a_0 \quad \cdots (*)$$

のように書けることが分かる。（←ここまではもっと省略気味に書いてもOK）

さて，一般に

「整式 $p(x)$ が $(x-a)^2$ で割り切れる $\Leftrightarrow$ $p(a) = p'(a) = 0$」 $\cdots$(A)

「整式 $p(x)$ が $(x-a)^3$ で割り切れる $\Leftrightarrow$ $p(a) = p'(a) = p''(a) = 0$」 $\cdots$(B)

であることを示しておく。（←実際の入試では証明なしに(A)，(B)を用いても減点されないかも）

整式 $p(x)$ を $(x-a)^3$ で割ったときの余りは 2 次以下であるから，商を $q(x)$ として，

$$p(x) = (x-a)^3 q(x) + \alpha(x-a)^2 + \beta(x-a) + \gamma \quad (\alpha, \beta, \gamma は実数の定数) \quad \cdots ①$$

とおけ，この恒等式の辺々を x で 2 階微分まですると，

$$p'(x) = 3(x-a)^2 q(x) + (x-a)^3 q'(x) + 2\alpha(x-a) + \beta \quad \cdots ②$$

$$p''(x) = 6(x-a)q(x) + 6(x-a)^2 q'(x) + (x-a)^3 q''(x) + 2\alpha \quad \cdots ③$$

となる。

続いて，①，②，③ に $x=a$ を代入すると，

$$p(a) = \gamma, \ p'(a) = \beta, \ p''(a) = 2\alpha$$

であるから，

$$\therefore \ \alpha = \frac{1}{2} p''(a), \ \beta = p'(a), \ \gamma = p(a)$$

すなわち，整式 $p(x)$ は一般に

$$p(x) = (x-a)^3 q(x) + \frac{1}{2} p''(a)(x-a)^2 + p'(a)(x-a) + p(a)$$

と書くことができる。

よって，この事実を用いると，

「整式 $p(x)$ が $(x-a)^2$ で割り切れる」

$\Leftrightarrow$ 「1 次以下の部分 $p'(a)(x-a) + p(a)$ は恒等的に 0」

$$\Leftrightarrow \quad p(a) = p'(a) = 0$$

だから，命題(A)の正しいことが分かり，

「整式 $p(x)$ が $(x-a)^3$ で割り切れる」
$\Leftrightarrow$ 「余り $\dfrac{1}{2}p''(a)(x-a)^2 + p'(a)(x-a) + p(a)$ は恒等的に 0」
$\Leftrightarrow p(a) = p'(a) = p''(a) = 0$

だから，命題(B)の正しいことも分かる。

ところで，$f_k(x) = x^k - kx + k - 1$ ($k = 2, 3, \cdots, n$) に関して，
$$f_k'(x) = kx^{k-1} - k$$
$$f_k''(x) = k(k-1)x^{k-2}$$

だから，
$$f_k(1) = f_k'(1) = 0 \qquad \cdots\cdots ④$$
$$f_k''(1) = k(k-1) \qquad \cdots\cdots ⑤$$

となっていることも確かめられる。

また，(∗)により，
$$g'(x) = a_n f_n'(x) + a_{n-1} f_{n-1}'(x) + \cdots + a_2 f_2'(x) + a_1 \qquad \cdots\cdots (*)'$$
$$g''(x) = a_n f_n''(x) + a_{n-1} f_{n-1}''(x) + \cdots + a_2 f_2''(x)$$
$$= a_n n(n-1)x^{n-2} + a_{n-1}(n-1)(n-2)x^{n-3} + \cdots + a_2 \cdot 2 \cdot 1 \qquad \cdots\cdots (*)''$$

(1) 命題(A)を(∗)，(∗)′に用いると，

「整式 $g(x)$ が $(x-a)^2$ で割り切れる」

$\Leftrightarrow g(1) = g'(1) = 0$

$\Leftrightarrow \begin{cases} a_n f_n(1) + a_{n-1} f_{n-1}(1) + \cdots + a_2 f_2(1) + a_1 \cdot 1 + a_0 = 0 \quad [\because (*)] \\ a_n f_n'(1) + a_{n-1} f_{n-1}'(1) + \cdots + a_2 f_2'(1) + a_1 = 0 \quad [\because (*)'] \end{cases}$

$\Leftrightarrow \begin{cases} a_1 + a_0 = 0 \quad [\because ④] \\ a_0 = 0 \end{cases}$

$\Leftrightarrow$ 「$g(x)$ は実数の定数 $a_2, a_3, \cdots, a_n$ を用いて $g(x) = \displaystyle\sum_{k=2}^{n} a_k f_k(x)$ と書ける」 ■

(2) 命題(B)を(∗)，(∗)′，(∗)″に用いると，(1)も踏まえ，

「整式 $g(x)$ が $(x-a)^3$ で割り切れる」

$\Leftrightarrow g(1) = g'(1) = g''(1) = 0$

$\Leftrightarrow \begin{cases} \text{「}g(x)\text{ は実数の定数 } a_2, a_3, \cdots, a_n \text{ を用いて } g(x) = \displaystyle\sum_{k=2}^{n} a_k f_k(x) \text{ と書ける」} \\ a_n n(n-1) + a_{n-1}(n-1)(n-2) + \cdots + a_2 \cdot 2 \cdot 1 = 0 \quad [\because (*)''] \end{cases}$

$\Leftrightarrow$ 「$g(x)$ は $\displaystyle\sum_{k=2}^{n} \dfrac{k(k-1)a_k}{2} = 0$ を満たす実数の定数 $a_2, a_3, \cdots, a_n$ を用いて $g(x) = \displaystyle\sum_{k=2}^{n} a_k f_k(x)$ と書ける」 ■

以上のことから，(1)，(2)に指定されている必要十分性が示された。

別解

(1) $n \geq 2$ として解答を進める。示すべき命題を

$$A(n) \begin{cases} \text{「}n\text{次の整式 } g(x) \text{ が } (x-1)^2 \text{ で割り切れるための必要十分条件は,} \\ \text{実数の定数 } a_2, a_3, \cdots, a_n \text{ を用いて } g(x) = \sum_{k=2}^{n} a_k f_k(x) \text{ と書ける」} \end{cases}$$

とし,2以上のすべての自然数 n に対して命題 $A(n)$ が成り立つことを n に関する数学的帰納法で示す。

［I］$n = 2$ のとき

$$f_2(x) = x^2 - 2x + 2 - 1 = (x-1)^2$$

であるから,2次の整式 $g(x)$ が $(x-1)^2$ で割り切れるための必要十分条件は,実数 a_2 を用いて

$$g(x) = a_2(x-1)^2 = a_2 f_2(x) = \sum_{k=2}^{2} a_k f_k(x)$$

と書けることである。

したがって命題 $A(2)$ は正しい。

［II］$2 \leq n \leq l$ ($l = 2, 3, \cdots$) なるすべての n において,命題 $A(n)$ が正しいと仮定する。

$f_{l+1}(x) = x^{l+1} - (l+1)x + (l+1) - 1$ について,$f_{l+1}{}'(x) = (l+1)x^l - (l+1)$ だから,

$$f_{l+1}(1) = f_{l+1}{}'(1) = 0$$

であり,

$$f_{l+1}(x) \text{ は } (x-1)^2 \text{ で割り切れる} \quad \cdots \text{⑥}$$

さてここで,$l+1$ 次の整式 $g(x)$ を $f_{l+1}(x)$ で割ることを考えると,商は実数であり,余りは l 次以下となるから,

$$g(x) = a_{l+1} f_{l+1}(x) + r(x) \quad (a_{l+1} \text{は0でない実数の定数で,} r(x) \text{ は } l \text{次以下の整式})$$

と書けることになる。

ここで,もしも余り $r(x)$ が1次以下の整式 $ax + b$ (a, b は実数)であるなら,

「$g(x)$ が $(x-1)^2$ で割り切れる」

⇔ 「余り $r(x) = ax + b$ は恒等的に 0」 ［∵ ⑥］

⇔ $a = b = 0$

⇔ 「整式 $g(x)$ は実数 a_{l+1} と $a_l = \cdots = a_2 = 0$ を用いて $g(x) = \sum_{k=2}^{l+1} a_k f_k(x)$ と書ける」

だから,$A(l+1)$ は正しい。

他方,余り $r(x)$ が2次以上 l 次以下のときは,$r(x)$ の次数を m ($m = 2, 3, \cdots, l$) 次として,帰納法の仮定 $A(m)$ により,

「$g(x)$ が $(x-1)^2$ で割り切れる」

⇔ 「余り $r(x)$ が $(x-1)^2$ で割り切れる」 ［∵ ⑥］

⇔ 「余り $r(x)$ は,実数 $a_2, \cdots, a_m$ を用いて $r(x) = \sum_{k=2}^{m} a_k f_k(x)$ と書ける」

⇔ 「整式 $g(x)$ は実数 $a_2, a_3, \cdots, a_{l+1}$ を用いて $g(x) = \sum_{k=2}^{l+1} a_k f_k(x)$ と書ける」

だから，余り $r(x)$ の次数が2次以上 l 次以下のときも命題 $A(l+1)$ は正しい．

したがって，以上 [Ⅰ]，[Ⅱ] により，2以上の任意の自然数 n に対して命題 $A(n)$ の成立が示された．■

[補足]

必要十分の証明では「**必要性の証明と十分性の証明を分けて答案を作成する**」のが基本となりますが，どうしても手間がかかってしまいます．そこで，(誤魔化しナシで)最初から最後まで "⇔" で結びきってしまえるように，解答では若干玄人好みの書き方を紹介しました．

例えば(1)での構造は次の図のようになっています．

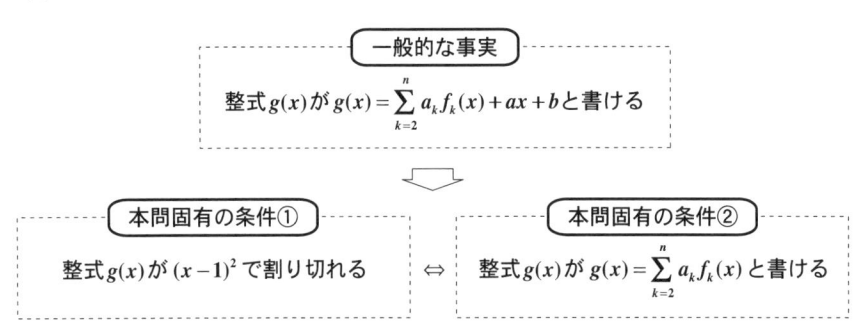

```
┌─── 一般的な事実 ───┐
│ 整式 g(x) が g(x) = Σ[k=2..n] a_k f_k(x) + ax + b と書ける │
└────────────┘
           ⇓
┌─ 本問固有の条件① ─┐     ┌─ 本問固有の条件② ─┐
│ 整式 g(x) が (x-1)² で │ ⇔ │ 整式 g(x) が g(x) = Σ[k=2..n] a_k f_k(x) と書ける │
│ 割り切れる        │     │                            │
└────────────┘     └─────────────────┘
```

上図の "一般的に成り立つ事実" と本問固有の「整式 $g(x)$ が $(x-1)^2$ で割り切れる」や「$g(x) = \sum_{k=2}^{n} a_k f_k(x)$ と書ける」などの条件をごちゃまぜにしないように注意してください．

さらに，実は命題(A)や(B)の証明でも同様の構造となっていることに気がつきますか？必要十分の証明で「いちいち分けて答案を書くのが面倒だなぁ」と感じたとき，表現を工夫することで最初から最後までうまく "⇔" で結べることがあるんですね．使いこなせるようになるには結構経験がいるんですけど，こんな書き方も知って欲しかったので，この書き方を解答に掲載しておきました．

さて，では冒頭で述べたように，(2)では帰納法が妥当とはならない理由を説明することにします．

まず，意識しておいて欲しいのは，

「$f_k(k) = x^k - kx + k - 1 \ (k = 2, 3, \cdots)$ 自体が $(x-1)^2$ で割り切れる」

という事実です．合わせて

「$f_k(k) = x^k - kx + k - 1 \ (k = 2, 3, \cdots)$ は $(x-1)^3$ で割り切れない」

ことにも留意しておきましょう．

すると，(1)のアルゴリズム作成部分で，

「$l+1$ 次の整式 $g(x)$ が $(x-1)^2$ で割り切れるかどうか」

は，次の絵のように「l 次以下の余り $r(x)$ が $(x-1)^2$ で割り切れるかどうか」にのみ依存します。

はじめから $(x-1)^2$ で割り切れる

$$g(x) = a_{l+1} f_{l+1}(x) + r(x)$$

$(x-1)^2$ で割り切れるかどうかは一致する

これに対して，(2)では，$f_k(x)$ が $(x-1)^3$ で割り切れないために，それほど話は単純ではありません。$f_k(x)$ を因数分解すると

$$f_k(x) = (x-1)^2 \times \{x^{k-2} + 2x^{k-3} + \cdots + (k-2)x + (k-1)\}$$

となることも踏まえて次の図を眺めてみましょう。$(x-1)^3$ で割り切れるためには(1)のように表せることが必要であるため，$g(x) = \sum_{k=2}^{l+1} a_k f_k(x)$ となることを前提としています。

$$\begin{aligned}
g(x) = (x-1)^2 &\times a_{l+1}\{x^{l-1} + 2x^{l-2} + \cdots + (l-1)x + l\} \\
+ (x-1)^2 &\times a_l\{x^{l-2} + 2x^{l-3} + \cdots + (l-2)x + (l-1)\} \\
+ (x-1)^2 &\times a_{l-1}\{x^{l-3} + 2x^{l-4} + \cdots + (l-3)x + (l-2)\} \\
&\vdots \\
+ (x-1)^2 &\times a_4(x^2 + 2x + 3) \\
+ (x-1)^2 &\times a_3(x+2) \\
+ (x-1)^2 &\times a_2
\end{aligned}$$

この部分すべての兼ね合いで $(x-1)$ を因数にもてばよい

この図を見てピンときますかね？

元々 $f_k(x)$ が $(x-1)^3$ で割り切れるわけではないため，$(x-1)^2$ で一旦因数分解したノコリモノ全体で因数 $(x-1)$ がくくり出せるかどうか考えなければなりません。それが上図の枠で囲んだ部分になります。

すると，l 次以下までの $\sum_{k=2}^{m} \frac{k(k-1)}{2} a_k$ ($m = 2, 3, \cdots, l-1, l$) がずっと0にはならなかったとしても，つまりは

$$\sum_{k=2}^{2} \frac{k(k-1)}{2} a_k \neq 0, \sum_{k=2}^{3} \frac{k(k-1)}{2} a_k \neq 0, \cdots, \sum_{k=2}^{l-1} \frac{k(k-1)}{2} a_k \neq 0, \sum_{k=2}^{l} \frac{k(k-1)}{2} a_k \neq 0$$

であったとしても，最後の最後に絶妙のタイミングで

$$\sum_{k=2}^{l+1} \frac{k(k-1)}{2} a_k = 0$$

となることだって十分考えられますよね？

つまりは，

「帰納法の仮定に関係なく $l+1$ 次の整式 $g(x)$ が $(x-1)^3$ で割り切れることだってある」

と言えるため，帰納法での解答は却下となるワケです。分かったかな？

因みに，整式 $f_k(x)$ が

$$f_k(x) = (x-1)^2 \times \{x^{k-2} + 2x^{k-3} + \cdots + (k-2)x + (k-1)\}$$

と因数分解されたノコリモノの部分を

$$h_k(x) = x^{k-2} + 2x^{k-3} + \cdots + (k-2)x + (k-1)$$

とおくと，$h_k(1) = \dfrac{k(k-1)}{2}$ となります。問題文に「$\sum_{k=2}^{n} k(k-1)a_k = 0$ を満たす」ではなく，

「$\sum_{k=2}^{n} \dfrac{k(k-1)}{2} a_k = 0$ を満たす」と書かれてあるのは，きっと，「東大の先生が上記のように素朴に因数分解して考えて問題を作成したからだろうなぁ」と窺い知ることができます(的外れだったらスイマセン)。もちろん，君達も上記のように素朴に因数分解して答案を完成させてもらってもOKです。

　　　命題(A)「整式 $p(x)$ が $(x-a)^2$ で割り切れる $\Leftrightarrow$ $p(a) = p'(a) = 0$」
　　　命題(B)「整式 $p(x)$ が $(x-a)^3$ で割り切れる $\Leftrightarrow$ $p(a) = p'(a) = p''(a) = 0$」

なんかに頼らずとも，素朴な発想と武器で十分完答できるんですね。

☞CHECK!25

(1) m, n を2つの正整数とする。$\cos m°$, $\sin m°$, $\cos n°$, $\sin n°$ のすべてが有理数であるとき，$\cos(m+n)°$, $\sin(m+n)°$ はともに有理数であることを示せ。

(2) n は60の約数とする。このとき，$\cos n°$ と $\sin n°$ のうち，少なくとも一方は無理数であることを示せ。

〔97年京都大学・文系・後期〕

[考え方]

有理数・無理数に関する〈鉄則〉を紹介しておきます。

〈鉄則〉－有理数・無理数の問題－

有理数・無理数の問題は，

① $\dfrac{q}{p}$（p, q は互いに素な整数で $p \geq 1$）とおき，整数の約数・倍数関係に持ち込んで矛盾を導く。

② 無理数の相等
「a, b が有理数のとき，$\sqrt{X}$ を無理数として，$a + b\sqrt{X} = 0 \Leftrightarrow a = b = 0$」
を利用するか，集合の排反性に矛盾することを利用する。

ただし，①，②の矛盾の導き方の違いに注意し，問題に応じていずれの矛盾が生じやすいのか見極めることが肝要である。

有理数・無理数の問題となると得てして受験生は

① $\dfrac{q}{p}$（p, q は互いに素な整数で $p \geq 1$）とおく。

に飛びついてしまう傾向があるようなんですけど，この姿勢は感心できません。上の2種

類の解法があることをしっかりと意識しておいてください。

[解答]

(1) 題意により，有理数 p, q, r, s を用いて
$$\cos m° = p, \sin m° = q, \cos n° = r, \sin n° = s \quad (p, q, r, s は有理数)$$
と表すことができて，三角関数の加法定理により，
$$\cos(m+n)° = \cos m° \cos n° - \sin m° \sin n° = pr - qs \quad(有理数)$$
$$\sin(m+n)° = \sin m° \cos n° + \cos m° \sin n° = qr + ps \quad(有理数)$$
だから，確かに $\cos(m+n)°, \sin(m+n)°$ はともに有理数である。■

(2) n は正の数と解釈して話を進める。

n が60の約数であるとき，ある正の整数値 k を用いて，
$$60 = kn \quad (k は正の整数)$$
と書くことができる。

ここで，$\cos n°, \sin n°$ のいずれも有理数であると仮定する。

$n = 60, k = 1$ のとき，$\sin 60° = \dfrac{\sqrt{3}}{2}$ は無理数であるから矛盾する。

$1 \leq n < 60, k \geq 2$ のとき，(1)を $k-1$ 回繰り返し用いると，帰納的に
$$\begin{cases} \cos 2n° = \cos(n+n)° = (\cos n°)^2 - (\sin n°)^2 \quad (有理数) \\ \sin 2n° = \sin(n+n)° = 2\sin n° \cos n° \quad (有理数) \end{cases}$$
$$\begin{cases} \cos 3n° = \cos(2n+n)° = \cos 2n° \cos n° - \sin 2n° \sin n° \quad (有理数) \\ \sin 3n° = \sin(2n+n)° = \sin 2n° \cos n° + \cos 2n° \sin n° \quad (有理数) \end{cases}$$
$$\vdots$$
$$\begin{cases} \cos kn° = \cos\{(k-1)n+n\}° = \cos(k-1)n° \cos n° - \sin(k-1)n° \sin n° \quad (有理数) \\ \sin kn° = \sin\{(k-1)n+n\}° = \sin(k-1)n° \cos n° + \cos(k-1)n° \sin n° \quad (有理数) \end{cases}$$
となるが，最後の式は $\sin 60° = \sin kn° = \dfrac{\sqrt{3}}{2}$ が無理数であることに矛盾する。

したがって，背理法により，$\cos n°$ と $\sin n°$ のうち少なくとも一方は無理数であることが示された。■

[補足]

スペースの都合上，「$\sqrt{3}$ が無理数である」ことを断りなく用いましたが，万全を期すならこの事実も証明しておいた方が無難と言えるでしょう。

ところで，京都大学は自分の大学の過去問の類題を出題することがあります。

この問題の後にも「$\tan 1°$ は有理数か」という超短文の問題が06年の理系後期に出題されていました。タネは本問と一緒ですね。

これも含めて，京大の歴史上「同じ問題出してるなぁ」と感じる問題が少なくとも3組あるのを僕は知っています。ですから，**京大志望の人は何を差し置いても過去問研究に重点をおくようにしましょう**。過去の類題の経験が役に立つこともありますからね。

～必要条件・十分条件～

ー条件とは？ー

　必要条件と十分条件とをとり違えている受験生は少なくありません。何度も何度も説明されるんだけど，イマイチしっくりこないからいつも問題に遭遇したときにどっちがどっちだったか悩んでしまう。もしかすると君もそんな1人かもしれませんね。

　そこで，これを改善してもらうためにもちょっとだけ説明しておくことにします。

　いまさらと感じるでしょうけれども，数学でいう"条件"っていうのは一体何なんでしょうかね？　人によってそれぞれ解釈が違うと思うんですけど，

　　　　　　「たくさんある要素のうち，一部を限定するためのモノ」

ととらえておきましょう。

　日常をモチーフにしてちょっとした具体例を挙げてみます。

　全世界の人を全体集合に考えます。このうち，

　　　　　　「苗字が"コンドウ"である」　　　　　　　　　　　　　‥‥(イ)

人は一部に限られます。つまり，上記の(イ)によって世界中の人々のうち，一部の人々が限定されますよね？　これが"条件"です。

　さて，今度は次のような条件を考えてみます。

　　　　　　「苗字が"近藤"である」　　　　　　　　　　　　　　　‥‥(ロ)

　条件(イ)と条件(ロ)は同じに見えて少し違います。冷静になって考えてみると，"コンドウ"さんには"今藤"さんがいますし，もしかすると，"金藤"さんや"金堂"さんもいるかもしれませんね。つまり，要素の集合を図にすると右のような状況になります。ただし，"近藤"は"チカフジ"とは読まないものとします。

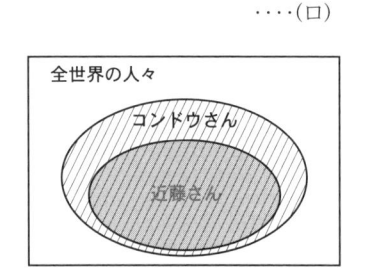

ー必要条件・十分条件ー

　さて，では条件(イ)と条件(ロ)のどちらが必要条件でどちらが十分条件なのでしょう？

　これを理解するためにも，手始めに

　　　　　「"必要"や"十分"という言葉は何を修飾するものなのか？」

をはっきりとさせておきます。実は，

　　　　　「"必要"や"十分"という言葉は条件の強さを形容するもの」

です。コレを意識しておくことが勘違いを生まないための1つのコツなんですよね。

　さっきの図を参照すると，

　　　　　「『近藤である』は『コンドウである』よりもより強く人々を限定している」

ことが分かるでしょう。この延長として

「『コンドウである』は"近藤"さんを限定するためにとりあえず保証されていることが必要事項である。だが，まだこれだけでは不十分である」

「『近藤である』は"コンドウ"さんを限定するためにもう既に十分に強い条件である。というか，限定しすぎである」

とも言えます。結局，

条件(イ)「苗字が"コンドウ"である」が必要条件：限定強度　弱

条件(ロ)「苗字が"近藤"である」が十分条件：限定強度　強

なんですね。

「苗字が"近藤"なんだったら，彼の呼び方は"コンドウ"さんである」

は正しい記述ですけど，

「苗字が"コンドウ"だったら，彼の漢字は"近藤"である」

は必ずしも正しいとは言えません。

そして，これは数値 x を限定する上でも同様です。次の2つの条件 p, q を考えましょう。

条件 p : $x \geqq 0$　　　　　　条件 q : $x > 1$

すると全体集合を実数として(別に全体集合を複素数と考えてもOK)，数直線上において，"$x > 1$"の方がより強く実数値 x を限定していることが分かります。

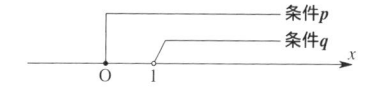

つまり，x を限定する上で

条件 p は条件 q であるための(とりあえず保証されるべき)必要条件

条件 q は条件 p であるための十分(に強い)条件

と言えます。繰り返しになりますが，

「"必要"や"十分"とは条件の強さを形容するものである」

と意識しておくことが第一歩なんですね。

日本には「大は小を兼ねる」って言葉がありますよね？　この言葉によって，日本人は「大きい方が強力」だとか「大きい方がよりよい」といったイメージをもちます。そして，受験生は大小で物事を考えるときにベン図で考えるため，「大きな集合の方が十分条件だ」と勘違いしてしまうのでしょう。本当はそうではありませんね？

要素を限定するための条件が強くなればなるほど，それを満たす要素の個数は少なくなるハズです。したがって，要素の個数が少ないほど，言い換えると集合の袋が小さいほど，条件の強さとしては強くなるため，「集合の袋が小さい方が十分条件となる」ワケです。分かったかな？　ちょっと回りくどかったかな？

～数学的帰納法の仕組み～

－数学的帰納法の仕組み－

数学的帰納法をなんとなく理解したまま解答に使っている人も多いことでしょう。そこで，これを機に理屈の部分をしっかりと説明しておきます。

ちょっとバカバカしいんですけど，次のような問題とその解答例を考えます。数学的帰納法という手法がまだ世に生まれていないとしましょう。

問題1 n を $4 \leq n \leq 8$ なる自然数とするとき，$n^2 \leq 2^n$ が成り立つことを示せ。

問題1の解答例
$n = 4$ のとき，$4^2 = 16, 2^4 = 16$ だから $4^2 \leq 2^4$ は正しい。
$n = 5$ のとき，$5^2 = 25, 2^5 = 32$ だから $5^2 \leq 2^5$ は正しい。
$n = 6$ のとき，$6^2 = 36, 2^6 = 64$ だから $6^2 \leq 2^6$ は正しい。
$n = 7$ のとき，$7^2 = 49, 2^7 = 128$ だから $7^2 \leq 2^7$ は正しい。
$n = 8$ のとき，$8^2 = 64, 2^8 = 256$ だから $8^2 \leq 2^8$ は正しい。
したがって，題意の通りである。■

---

n が有限通りですから，すべてを書き上げる上述のような答案も数学的に立派な証明とみなされます。では，次のような問題ではどうでしょうか？

問題2 n を $4 \leq n \leq 100$ なる自然数とするとき，$n^2 \leq 2^n$ が成り立つことを示せ。

問題1と同様に，$4 \leq n \leq 100$ までをすべて具体的に書き上げても証明となりますから，地道に書き上げていったとしましょう。

問題2の解答例(途中まで)
$n = 4$ のとき，$4^2 = 16, 2^4 = 16$ だから $4^2 \leq 2^4$ は正しい。
$\vdots$
(中略)
$\vdots$
$n = 20$ のとき，$20^2 = 400, 2^{20} = 1048576$ だから $20^2 \leq 2^{20}$ は正しい。

計算はどんどん面倒になる一方です。

あるとき，昔の賢い人が次のようなことを思いつきました。

「直前に示したことを使ったらもっと計算がラクにいけるのでは？」

と。この発想を用いて先程の続きを書くと，

　　$n=21$ のとき，$n=20$ のときの不等式を利用すると，
$$2^{21}=2\cdot 2^{20}\geqq 2\cdot 20^2=800>441=21^2$$
だから，$21^2\leqq 2^{21}$ は正しい。

　　$n=22$ のとき，$n=21$ のときの不等式を利用すると，
$$2^{22}=2\cdot 2^{21}\geqq 2\cdot 21^2=882>484=22^2$$
だから，$22^2\leqq 2^{22}$ も正しい。

$$\vdots$$

$2^{21}, 2^{22}, \cdots$ を具体的に計算せずに済む分，多少は解答がラクになりました。

しかしながら，これでもまだ $n=100$ までの道のりは相当長い。逐一 $n=100$ まで具体的に書き記すのが面倒です。

そして，またあるときに，これまた昔の賢い人が

「コレを具体的な数値ではなく一般の文字で代表させたらイイんじゃないの？」

と気づいたんですね。

こういった昔の賢い人たちの発想によって，普段から慣れ親しんだ"数学的帰納法"の次のような答えができあがります。

問題2の帰納法による解答

［Ⅰ］$n=4$ のとき，$4^2=16, 2^4=16$ だから，$4^2\leqq 2^4$ は正しい。

［Ⅱ］k を $4, 5, \cdots, 99$ のいずれかを代表させた文字であるとして，$n=k$ のときに不等式 $k^2\leqq 2^k$ が正しいとする。

　このとき，
$$2^{k+1}=2\cdot 2^k\geqq 2k^2 \quad [\because 帰納法の仮定]$$
$$2k^2-(k+1)^2=k^2-2k-1=(k-1)^2-2\geqq 0 \quad [\because 4\leqq k\leqq 99]$$
であるから，これらを合わせると $(k+1)^2\leqq 2^{k+1}$ も正しいと分かる。

したがって，以上［Ⅰ］，［Ⅱ］を組み合わせると，$n=4$ を起点として，順次 $n=4, 5, 6, \cdots, 100$ に対して不等式 $n^2\leqq 2^n$ の成り立つことが保証される。■

これが数学的帰納法の仕組みです。ですから，帰納法で回るのかどうかを考えるとき，**具体的な数値を代入して考えることも有効な手段**と言えます。慣れないうちは，いきなり「k から $k+1$ への移り変わり」を考えるのではなく，「2から3へ」や「3から4へ」などの小さい数字で具体的に試してみるようにしてください。

～漸化式の立式～

－漸化式の立式に帰納法を用いるのはお門違い－

本編のp.84で「漸化式の立式に帰納法はありえない！」と明言しました。これはどういったことなのかの話をします。次の問題を例にとって考えてみましょう。

> **問題3** 3つの文字 a, b, c を繰り返しを許して，左から順に n 個並べる。ただし，a の次は必ず c であり，b の次も必ず c である。このような規則を満たす列の個数を x_n とする。例えば，$x_1 = 3, x_2 = 5$ である。このとき，
> $$x_{n+2} = x_{n+1} + 2x_n \quad \cdots(*)$$
> が成り立つことを示せ。ただし，n は自然数である。
>
> 〔99年一橋大学・後期(問題一部抜粋)〕

まずは模範解答がどうなるのか紹介しておきます。

> <u>問題3の解答</u>
> $n+2$ 個のアルファベットを並べるとき，
> ⅰ) 左端の文字が a であるとき，2番目の文字は c でなければならず1通り。そして，3番目から $n+2$ 番目は自由に n 個を並べるのと同じであるから x_n 通り。
>
> ⅱ) 左端の文字が b であるとき，ⅰ)と同様に考えて x_n 通り。
>
> ⅲ) 左端の文字が c であるとき，2番目から $n+2$ 番目の $n+1$ 個の並びに制限はつかないから x_{n+1} 通り。
>
> ⅰ)～ⅲ)は排反ですべての場合を尽くしているから，
> $$\therefore\ x_{n+2} = x_n + x_n + x_{n+1} = x_{n+1} + 2x_n\ (n = 1, 2, \cdots)$$
> が成り立つ。■

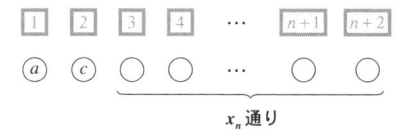

なるほど，最初の一手で場合分けして漸化式を立てるとスマートに解答できますね。

さて，これをもしも帰納法で証明するとすればどういったことになるのか検証してみましょう。以下はアルゴリズムを作成する段階のお話です。

$n = k$ のときに(＊)が成立するとします。具体的に書くと，$x_{k+2} = x_{k+1} + 2x_k$ のことです。これは $k+2$ 個アルファベットを並べる並べ方と，k 個，$k+1$ 個のアルファベットを並べる並べ方の関係式です。

ではこれを前提に，$n = k+1$ のときに(＊)が成立するのか考えてみましょう。具体的には関係式 "$x_{k+3} = x_{k+2} + 2x_{k+1}$" を証明できるかどうかです。

すると，必然的に $k+3$ 個のアルファベットを並べることを考えなければいけませんが，左端の文字が a, b, c のいずれになるにせよ，残った $k+2$ 個の並べ方を考えることになります。

勘の鋭い人ならばなんとなく感じると思いますが，

「$k+3$ 個を並べたいときに，

　『$k+2$ 個を並べる並べ方が $x_{k+2} = x_{k+1} + 2x_k$ のように表される』

などは全く役に立たない」

ということが言えます。それもそのはずです。次の図を見てください。

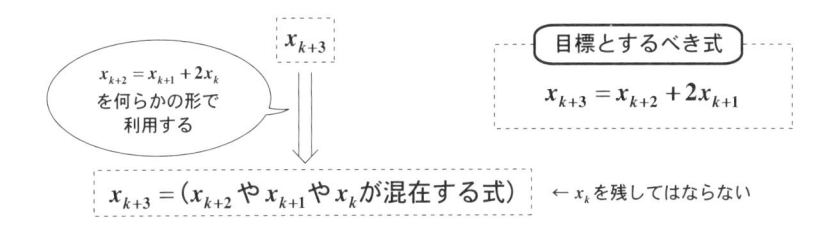

x_{k+3}

$x_{k+2} = x_{k+1} + 2x_k$ を何らかの形で利用する

目標とするべき式
$x_{k+3} = x_{k+2} + 2x_{k+1}$

$x_{k+3} = (x_{k+2} \text{ や } x_{k+1} \text{ や } x_k \text{ が混在する式})$　← x_k を残してはならない

結局は先に紹介した模範解答のように直接考えるしか $x_{k+3} = x_{k+2} + 2x_{k+1}$ を導くことはできません。こういったことにより，

「漸化式を作成する際に，帰納法を用いようとするのはお門違いである」

と結論づけることができるワケです。

－漸化式と帰納法のアルゴリズムは同じもの－

本編でもチラッと触れたように，"漸化式" と "帰納法のアルゴリズム" は同等と言えます。扱っているものが "値" であるのか "命題" であるのかが違うだけで，「直前のものによって次のものが規定される」という本質は全く変わりません。

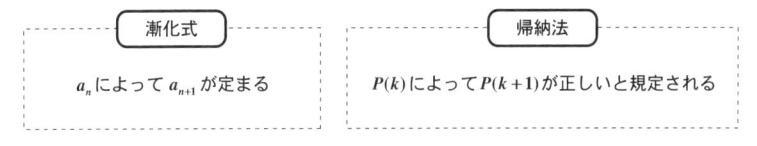

漸化式	帰納法
a_n によって a_{n+1} が定まる	$P(k)$ によって $P(k+1)$ が正しいと規定される

この事実も心の片隅に留めておくとより理解が深まります。

〜漸化式と帰納法の合わせ技〜

－漸化式と帰納法の合わせ技－

前頁のように「漸化式の立式を帰納法で考えるのはお門違いだよ」と授業をすると，僕の経験上，多数の受験生が誤解してしまうため，最後に注意事項を述べておきます。

まずは次の問題を考えてみましょう。

問題4 正の数列 $\{a_n\}$ について，
$$(a_1+a_2+a_3+\cdots+a_n)^2 = a_1^3+a_2^3+a_3^3+\cdots+a_n^3 \quad (n=1,\,2,\,3,\,\cdots)$$
が成り立っているとする。a_n の一般項を n の式で表せ。

ある1つの漸化式が与えられており，そこから一般項 a_n を求める類の問題です。予想して帰納法という手法は必ず試してみましょう。すると，$a_n = n\ (n=1,\,2,\,\cdots)$ と見当がつきますから，これを帰納法でまとめればOKです。

問題4の解答
$$(a_1+a_2+a_3+\cdots+a_n)^2 = a_1^3+a_2^3+a_3^3+\cdots+a_n^3\ (n=1,\,2,\,3,\,\cdots) \quad \cdots(*)$$
としておく。そして，
$$a_n = n\ (n=1,\,2,\,\cdots) \quad \cdots(☆)$$
と予想されるから，これを数学的帰納法を用いて証明する。

[Ⅰ] $n=1$ のとき
　　$(*)$ により，$n=1$ のとき，
$$a_1^2 = a_1^3 \iff a_1(a_1-1)(a_1+1) = 0$$
$$\therefore\ a_1 = 1 \quad [\because\ a_1 > 0]$$
　　となり，$n=1$ のとき(☆)は正しい。

[Ⅱ] $1 \leq n \leq k\ (k=1,\,2,\,\cdots)$ なるすべての自然数 n で(☆)が成立すると仮定すると，
$$a_1 = 1,\ a_2 = 2,\ \cdots,\ a_k = k \quad \cdots①$$
　　が成り立ち，$(*)$ において $n=k+1$ とすれば，
$$(a_1+a_2+\cdots+a_k+a_{k+1})^2 = a_1^3+a_2^3+\cdots+a_k^3+a_{k+1}^3$$
　　これに①を代入すると，
$$(1+2+\cdots+k+a_{k+1})^2 = 1^3+2^3+\cdots+k^3+a_{k+1}^3$$
$$\iff \left\{\frac{1}{2}k(k+1)+a_{k+1}\right\}^2 = \left\{\frac{1}{2}k(k+1)\right\}^2 + a_{k+1}^3$$
$$\iff a_{k+1}^2 + k(k+1)a_{k+1} + \left\{\frac{1}{2}k(k+1)\right\}^2 = \left\{\frac{1}{2}k(k+1)\right\}^2 + a_{k+1}^3$$
$$\iff a_{k+1}(a_{k+1}+k)\{a_{k+1}-(k+1)\} = 0$$

$$\therefore a_{k+1} = k+1 \quad [\because a_{k+1} > 0]$$

となり，$n = k+1$ も(☆)は正しい．

以上［Ⅰ］，［Ⅱ］より，数学的帰納法から任意の自然数 n に対して，

$$\therefore a_n = n \ (n = 1, 2, \cdots) \quad ■$$

この解答を読んで，「オイオイ，漸化式を帰納法で解答してるじゃないか！ さっき言っていたことはウソなの？」と感じる人もいるかもしれませんね．でも，それはさっき僕が言ったことを見事に誤解しています．

先程，「漸化式の立式に帰納法はありえない」と僕は言いましたが，**「漸化式と帰納法を組み合わせて解答することはない」**とは言っていませんね？

問題4では，漸化式

$$(a_1 + a_2 + a_3 + \cdots + a_n)^2 = a_1^3 + a_2^3 + a_3^3 + \cdots + a_n^3 \ (n = 1, 2, 3, \cdots) \quad \cdots(*)$$

の成立は問題文で保証されています．すなわち"数列 $\{a_n\}$ の条件"に該当します．そして，示すべきは

「数列 $\{a_n\}$ の一般項は $a_n = n \ (n = 1, 2, \cdots)$ である」 $\quad \cdots$(☆)

という命題です．コレが"まだ成り立つかどうか分からないからきちんと示すべきモノ"になります．

それに引き換え，前頁の問題3では

「漸化式 $x_{n+2} = x_{n+1} + 2x_n \ (n = 1, 2, \cdots)$ が成り立つ」

が，"正しいのかどうか分からないから証明するべきモノ"となっており，

「問題4では漸化式(*)の成立が保証されている」

「問題3では漸化式自体の作成が目標である」

の違いがありますね．これらを混同してはなりません．

「1つの漸化式が問題文から与えられているなら，漸化式と帰納法の合わせ技で解答することは十分あり得る」

と言えるんですね．

また，漸化式と帰納法の合わせ技では，

〈鉄則〉－漸化式と帰納法の仮定－
　漸化式と帰納法の合わせ技で解答する際，「『漸化式がすべての自然数 n で成立する』ことは初めから保証されており，"帰納法の仮定"とは明確に区別されるべきものである」というのをしっかりと意識しておく．

であることにも注意しましょう．コレをあやふやにしていると，問題4の解答中，

「$1 \leq n \leq k$ での成立しか仮定してないのにどうして(*)で $n = k+1$ としてイイの？」

と，ちょっとみっともない疑問を抱いてしまうことになります．

総論編〈鉄則〉索引

【あ】
「余りが等しい」ことの扱い ………… 39
円周角の定理の利用 ………………… 24
円の方程式の特徴 …………………… 99

【か】
解の配置問題のグラフを利用した解法 … 83, 133
ガウス記号の扱い …………………… 112
ガウス記号の注意点 ………………… 115
関数方程式の扱い …………………… 64
関数列の問題 ………………………… 165
行列計算の基本精神 ………………… 115
グラフの変換 ………………………… 25, 124
困難の分割 …………………………… 160

【さ】
三角関数の置換 ……………………… 175
三角形の成立条件 …………………… 32
三平方の定理の延長 ………………… 23
数学的帰納法の形式 ………………… 33
数学的帰納法のindex ………………… 34
図形の存在命題 ……………………… 96
整式の割り算 ………………………… 69, 78
整数問題の基本精神 ………………… 117
整数や整式の形に関する証明問題 …… 127
成分による一次変換 ………………… 52
積分方程式の扱い …………………… 66, 176
漸化式解法の基本精神 ……………… 167
漸化式と帰納法の仮定 ……………… 213
漸化式の立式 ………………………… 85
全称命題の求値問題 ………………… 17
全称命題の証明 ……………………… 16, 91
素数 p の要求 ……………………… 150
存在命題の扱い ……………………… 88

【た】
対称点の求め方 ……………………… 97
中間値の定理 ………………………… 104
ディリクレの部屋割り論法 ………… 90
同次式の扱い ………………………… 19
特別な値の候補 ……………………… 62

【な】
内接多角形の辺長 …………………… 58
なす角の扱い ………………………… 31, 155
入試数学の取り組み方 ……………… 21, 136

【は】
微分する関数の選択 ………………… 140
「微分する」という作業の本質 ……… 182
微分方程式"変数分離形"の解法 …… 68

【ま】
見慣れない設定の n 絡みの問題 …… 38
文字定数の認識 ……………………… 102
文字定数の分離 ……………………… 72

【や】
有理数・無理数の問題 ……………… 204

【ら】
離散変数の最大・最小 ……………… 77

【英数字】
「k の倍数である」ことの証明 …… 39
Σ 記号の鉄則 ………………… 44
3次関数に引ける接線の本数 ………… 142

■著者プロフィール■

近藤　至德（こんどう　よしのり）

1978年大阪府生まれ。
1997年私立洛南高校卒業。同年、東京大学理科Ⅲ類に入学するも、大病を患い2001年に療養生活に入るべく休学、後に同大学医学部を中退。
2004年医学の道に復帰するべく京都大学医学部入学。
2011年同大学卒業。

2001年度～2010年度に鉄緑会大阪校で数学の教鞭をとる。
理Ⅲ・京医のいずれにも合格するという稀有な経歴と、説得力をもつその数学の授業から、東大・京大・阪大志望の受験生を中心に広く支持を受ける。
自身のクラスから理Ⅲ・京医・阪医合格者を多数輩出。
「入試数学の掌握は『区別すること』と『再現すること』」がモットー。

テーマ別演習①
入試数学の掌握　総論編　　　　　　　＊定価はカバーに表示してあります。

2011年10月15日	初版第1刷発行
2013年10月 1日	初版第2刷発行
2016年 3月30日	初版第3刷発行
2018年 5月 6日	初版第4刷発行
2019年 1月22日	初版第5刷発行
2019年 6月30日	初版第6刷発行
2019年12月31日	初版第7刷発行
2020年 9月 4日	初版第8刷発行
2021年 5月10日	初版第9刷発行
2021年12月 4日	初版第10刷発行
2022年 7月28日	初版第11刷発行
2023年 4月12日	初版第12刷発行
2023年11月26日	初版第13刷発行

著者　　近藤至德
編集人　清水智則
発行所　エール出版社
〒101-0052　東京都千代田区神田小川町2-12
　　　　　　信愛ビル4F
e-mail　info@yell-books.com
電　話　03(3291)0306
ＦＡＸ　03(3291)0310

Ⓒ 禁無断転載　　　　　　　　　　　乱丁・落丁本はおとりかえいたします。
ISBN978-4-7539-3074-6

テーマ別演習
入試数学の掌握

理Ⅲ・京医・阪医を制覇する

東大理Ⅲ・京大医のいずれにも合格するという希有な経歴と説得力を持つ授業で東大・京大・阪大受験生から圧倒的な支持を受ける著者渾身の数学シリーズ3部作

●テーマ別演習②　各論錬磨編
　Theme3　通過領域の極意
　Theme4　論証武器の選択
　Theme5　一意性の示し方
　A5判・並製・288頁・1800円（税別）　　ISBN978-4-7539-3103-3

●テーマ別演習③　各論実戦編
　Theme6　解析武器の選択
　Theme7　ものさしの定め方
　Theme8　誘導の意義を考える
　A5判・並製・288頁・1800円（税別）　　ISBN978-4-7539-3155-2

近藤至徳・著